国家中职示范校机电类专业
优质核心专业课程系列教材

机床电气控制系统
的装调与维修

◎ 主　编　高德龙
◎ 副主编　张琳娜
◎ 参　编　韩　帅　刘　珂
　　　　　　米永红　吕国贤
◎ 主　审　安志峰

西安交通大学出版社
XI'AN JIAOTONG UNIVERSITY PRESS

内容简介

本书先以普通车床、钻床、铣床、磨床的电气控制线路安装、调试与维修为重点,从认识机床结构开始,由浅入深,讲述机床常用低压电器元件的结构、原理、应用,以及机床电气控制线路的原理、安装调试、常见故障的维修方法;后结合镗床的大修与改造,讲述机床电气设备大修的工作内容、方法步骤、技术验收标准,测绘机床电气控制线路的方法,电气控制系统进行PLC改造的流程和PLC基础知识。在整个编写过程中将所能用到的知识点、技能点予以贯穿,采用"做中学、做中教"的教学模式,真正做到以任务为主线,以学生为主体,以教师为主导。

本书内容丰富,层次清晰,重点突出,实践性较强,注重理论与实践结合,重视培养学生的实际操作技能和独立工作能力。

本书可作为"中职示范院校"电气自动化设备安装与维修专业"机床电气控制系统装调与维修"课程的教材使用,也可以作为职工学习机床电气控制原理与维修等相关课程的培训教材,还可以作为从事机床电气维修行业工程技术人员的参考书。

图书在版编目(CIP)数据

机床电气控制系统的装调与维修/ 高德龙主编. —西安:西安交通大学出版社,2013.10(2023.8重印)
ISBN 978 - 7 - 5605 - 5633 - 8

Ⅰ.①机… Ⅱ.①高… Ⅲ.①机床—电气控制系统—安装—高等职业教育—教材②机床—电气控制系统—维修—高等职业教育—教材 Ⅳ.①TG502.35

中国版本图书馆 CIP 数据核字(2013)第 200387 号

书　　名	机床电气控制系统的装调与维修	
主　　编	高德龙	
策划编辑	曹　昳	
责任编辑	张　梁　徐英鹏	

出版发行　西安交通大学出版社
　　　　　(西安市兴庆南路 1 号　邮政编码 710048)
网　　址　http://www.xjtupress.com
电　　话　(029)82668357　82667874(市场营销中心)
　　　　　(029)82668315(总编办)
传　　真　(029)82668280
印　　刷　西安日报社印务中心
开　　本　880mm×1230mm　1/16　印张 19.375　字数 400 千字
版次印次　2013 年 10 月第 1 版　2023 年 8 月第 7 次印刷
书　　号　ISBN 978 - 7 - 5605 - 5633 - 8
定　　价　38.50 元

如发现印装质量问题,请与本社市场营销中心联系。
订购热线:(029)82665248　(029)82667874
投稿热线:(029)82668502　QQ:8377981
读者信箱:lg_book@163.com

西安技师学院国家中职示范校建设项目

优质核心专业课程系列教材编委会

顾　问：雷宝崎　李西安　张春生

主　任：李长江

副主任：王德意　冯小平　曹　昳

委　员：田玉芳　吕国贤　袁红旗　贾　靖　姚永乐

　　　　郑　军*　孟小莉*　周常松*　赵安儒*　李丛强*

　　　　（注：标注有*的人员为企业专家）

《机床电气控制系统的装调与维修》编写组

主　编：高德龙

副主编：张琳娜

参　编：韩　帅　刘　珂　米永红　吕国贤

主　审：安志峰

P 前 言
Preface

随着机械制造行业的高速发展，用工企业对技术工人的要求逐渐提高，为使中等职业学校电气类专业的学生掌握一技之长，更好就业，本书结合国家中等职业教育改革发展示范学校建设中课程教学改革的精神及本地区职业教育的现状，以西安技师学院示范校重点建设的优质核心课程"机床电气控制系统装调与维修"的课程建设为契机，结合作者近年来从事中等职业学校教学改革的经验，通过企业岗位调研，以企业典型的工作任务为载体，以工作任务中所必备的知识和技能为主线编写而成。

在编写本书的过程中，我们以"工学结合、项目教学、'做中学、学中做'"为编写原则，以"任务明确、流程清晰、知识够用、技能为主、图文并茂"为编写思路，每个项目都以企业或车间的实际工作任务导入，然后以工作过程为主线进行实践操作，中间以"知识链接"、"小提示"、"想一想、做一做"的形式，穿插讲述与任务相关的背景知识、与技能相关的理论知识、与兴趣相关的拓展知识。

本书从认识机床结构开始，由浅入深，讲述机床常用低压电器元件的结构、原理及应用，普通车床、钻床、铣床、磨床电气控制线路的原理、安装调试、常见故障的维修方法；结合镗床的大修与改造，讲述机床电气设备大修的工作内容、方法步骤、技术验收标准，测绘机床电气控制线路的方法，电气控制系统进行PLC改造的流程和PLC基础知识。

本书作为"中职示范校"电气自动化设备安装与维修专业"机床电气控制系统装调与维修"课程的教材使用。

本书中任务一由高德龙编写，任务二由刘珂编写，任务三由米永红编写，任务四由韩帅编写，任务五由张琳娜编写，附录由吕国贤编写，全书由高德龙统稿和定稿。本书由西安西电高压开关有限责任公司安志峰高级工程师任主审。

在本书的编写过程中，西安技师学院院长助理冯小平、西安技师学院督导室吴丽萍等诸多专家给了我们很多支持和建议，在此表示衷心的感谢。本书部分内容参考了诸多著作、教材、厂家使用手册和企业相关制度，在此也致以敬意。

由于时间紧迫和编者水平有限，书中难免存在不妥之处，殷切希望广大读者批评指正。

编者

2013年7月 陕西·西安

C目录
Contents

学习任务一

车床电气控制系统的装调与维修

在我们的日常生活中，经常会接触到一些如图1-1中的陀螺、哑铃等这样的圆柱、圆锥形的物品，这样的物品在机床加工中常被称做轴、盘、套类零件，能够完成对这类零件加工的机床被称做车床。

图1-1　陀螺、哑铃

车床是普通机械加工设备中使用最多、用途最广泛的一种机床，它主要是用于车削工件的外圆、内圆、端面和螺纹等，还可以装上钻头、铰刀等工具进行相应的孔加工。图1-2中的零件均为车床加工出的零件。

图1-2　车床加工的零件展示

在车床上，为了获得所需的工件表面形状，必须使刀具和旋转的工件做一定规律的相对轨迹运动来实现。车削加工运动过程按作用分为主运动、进给运动、辅助运动。车床车削运动关系如图1-3所示。

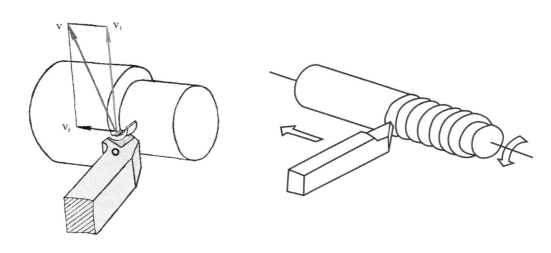

图1-3　车削运动关系示意图

公元前二千多年出现的树木车床是机床最早的雏形。工作时，脚踏绳索下端的套圈，利用树枝的弹性使工件由绳索带动旋转，手拿贝壳或石片等作为刀具，沿板条移动刀具切削工件。

到了中世纪的欧洲，有人设计出了用脚踏板旋转曲轴并带动飞轮，再传动到主轴使其旋转的"脚踏车床"。图1-4是脚踏车床的示意图和复制品。

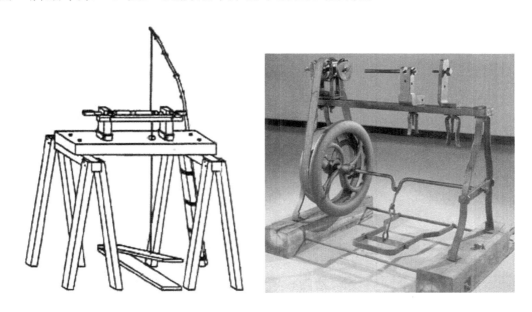

图1-4　脚踏车床示意图和复制品

20世纪开始出现了由电动机作为动力源驱动的带有齿轮变速箱的车床。车床的结构也变得越来越复杂，车床主要机械组成部件有：主轴齿轮变速箱、进给齿轮变速箱、溜板箱、主轴、刀架、尾架、床身等，如图1-5所示。车床主运动、进给运动、辅助运动所使用的电动机如图1-6所示。

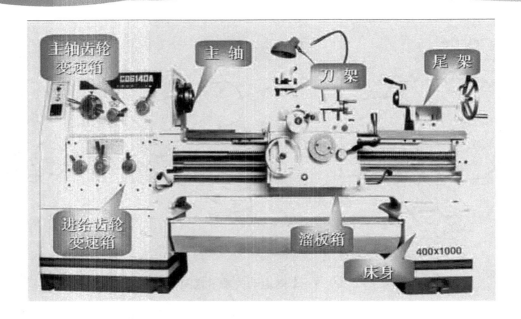

图1-5　车床主要机械组成部件

（a）主轴电动机　　　　　　（b）进给电动机　　　　　　（c）冷却泵电动机

图1-6　车床主运动、进给运动、辅助运动中使用的电动机

　　根据用途和功能的不同，车床分为：普通车床、转塔车床、回转车床、自动车床、多刀半自动车床、仿形车床、立式车床、专门化车床、马鞍车床、数控车床等。图1-7中列出了几种常用车床。

（a）普通车床

（b）转塔车床

（c）立式车床

（d）数控车床

图1-7　几种常用车床

　　在机床的生产制造企业（机床厂），工人们需要完成它的机械部件和电气控制部分的安装调试工作；在客户（机械加工厂）使用过程中，由于车床的工作环境、工作负荷等因素的影响，因此经常出现各种故障，这些故障可以分为机械和电气两个方面。作为电气维修人员，主要工作任务是参与车床的常规保养，完成电气控制线路的故障维修，参与设备大修与技术改造等工作。图1-8是普通车床机械维修和电气维修工作现场。

（a）机械维修现场

（b）电气维修现场

图1-8　普通车床维修现场

通过上面的介绍，我们知道了：车床的动力来源于电动机，电动机的控制靠电气控制线路实现。作为电气维修人员，了解车床电气控制线路的组成、故障的维修方法是今后车床维修工作中必备的技能。那么我们将通过完成以下两个项目来掌握这些技能。

项目1：CA6140卧式车床电气控制系统的安装与调试

项目2：CA6140卧式车床主轴无法运转的故障诊断与维修

项目1 CA6140卧式车床电气控制系统的安装与调试

任务描述

来了解一下任务吧！

某机床公司生产车间接到一批CA6140卧式车床的生产订单，由于恰逢生产高峰期，设备安装工人紧缺，为不影响工期，决定向我院电维专业借调一批学生前往完成该批机床电气控制系统的安装与调试工作，任务完成后将支付一定的报酬。生产部负责人在下发工作任务单给学生的同时提供了该机床的电气原理图、电器元件布置图、电气接线图和电气控制线路安装工艺卡等技术资料，要求学生按照安装工艺卡完成电气控制线路安装。学生完成对线路的自检后，由专业教师进行电气控制线路检查、通电调试、功能验收，合格后交付生产部负责人。工时为24 h，工作现场管理按"6S"（整理，seiri；整顿，seiton；清扫，seiso；清洁，seiketsu；安全，security；素养，shitsuke）标准执行。生产派工单如表1-1所示：

表1-1　派　工　单

工作地点	机械加工车间	工　　时	24 h	任务接受人	丁丁
派 工 人	王明	派工时间	2012年9月5日	完成时间	9月7日
技术标准	GB 5226.1—2008《机械电气安全 机械电气设备 第1部分：通用技术条件》				
工作内容	根据附件提供的资源，完成CA6140卧式车床电气控制线路的安装、调试，功能验收合格后，交付生产部负责人。				
其他附件	（1）CA6140卧式车床电气原理图，1张； （2）CA6140卧式车床电器元件布置图，2张； （3）CA6140卧式车床电气接线图，1张； （4）CA6140卧式车床电气装配工艺卡，1套； （5）电器元件明细表，1张； （6）材料明细表，1张				
任务要求	（1）工时：24 h； （2）工作现场管理按"6S"标准执行				
验收结果	操作者自检结果： 　　□合格　　□不合格 签名： 　　　　　年　　月　　日		检验员检验结果： 　　□合格　　□不合格 签名： 　　　　　年　　月　　日		

背景知识储备

首先让我们去看看工作的环境吧（如图1-9所示）！

推行"6S"管理，让我们的工作环境更整齐、清洁！

图1-9　机械加工车间

"6S"

整理（seiri）
整顿（seiton）
清扫（seiso）
清洁（seiketsu）
安全（security）
素养（shitsuke）

图1-10为CA6140卧式车床整体图，便于我们认识CA6140卧式车床。

图1-10　CA6140卧式车床

 看来我得了解一下CA6140卧式车床！

1.卧式车床的概念

普通车床是能对轴、盘、套等多种类型工件进行多种工序加工的卧式车床，常用于加工工件的内外回转表面、端面和各种内外螺纹，采用相应的刀具和附件，还可进行钻孔、扩孔、攻丝和滚花等。普通车床是车床中应用最广泛的一种，约占车床类总数的65%，因其主轴以水平方式放置故称为卧式车床。

2.CA6140卧式车床型号的含义

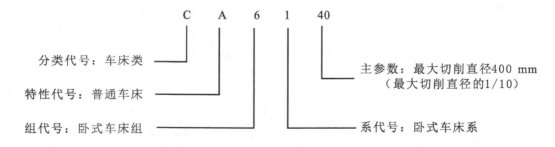

3.CA6140卧式车床的结构

普通车床主要由床身、主轴变速箱（也简称为主轴箱）、进给变速箱（也简称为进给箱）、溜板箱、刀架、尾架、丝杠和光杠等部件组成。图1-11是CA6140卧式车床外观结构图。

1—主轴箱；2—卡盘；3—刀架；4—后顶尖；5—尾架；6—床身；
7—光杠；8—丝杠；9—溜板箱；10—底座；11—进给箱

图1-11　CA6140卧式车床外观结构图

4.CA6140卧式车床的运动特点

CA6140卧式车床有两个主要运动：一个是主运动，即卡盘或顶尖带动工件的旋转运动（如图1-11所示）；另一个是进给运动，即溜板带动刀架的直线移动（如图1-11所示）。中小型普通车床的主运动和进给运动一般采用一台异步电动机驱动。此外，车床还有一些辅助运动，如溜板和刀架的快速移动、尾架的移动以及工件的夹紧与放松等。

5.CA6140卧式车床主轴换向原理

CA6140卧式车床采用双向多片式摩擦离合器实现主轴的开停和换向，如图1-12所示。它由结构相同的左右两部分组成，左离合器传动主轴正转，右离合器传动主轴反转。摩擦片有内外之分，且相间安装。如果将内外摩擦片压紧，产生摩擦力，轴的运动就通过内外摩擦片带动空套齿轮旋转；反之，如果松开，轴的运动与空套齿轮的运动不相干，内外摩擦片之间处于打滑状态。正转用于切削，需传递的扭矩较大，而反转主要用于退刀，所以左离合器摩擦片数较多，而右离合器摩擦片数较少。

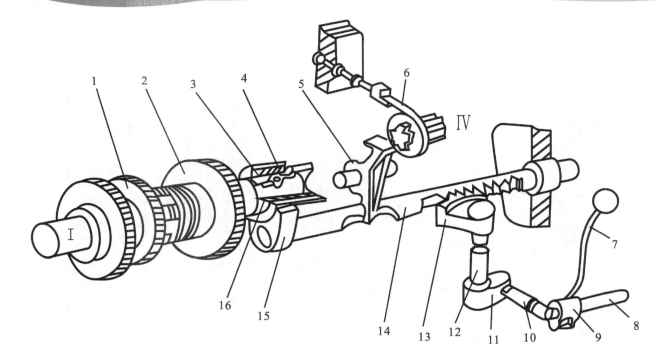

1—双联齿轮；2—齿轮；3—摆块；4—滑套；5—制动杠杆；6—制动带；7—手柄；8—操纵杆；
9—杠杆；10—连杆；11—摆件；12—转轴；13—扇形齿轮；14—齿条轴；15—拨叉；16—拉杆

图1-12　CA6140卧式车床主轴开停、换向原理图

内外摩擦片之间的间隙可以调整，如果间隙过大，则压不紧，摩擦片打滑，车床动力就显得不足，工作时易产生闷车现象，且摩擦片易磨损；反之，如果间隙过小，启动时费力，停车或换向时，摩擦片又不易脱开，严重时会导致摩擦片被烧坏。同时，由此也可以看出，摩擦离合器除了可以传递动力外，还能起过载保护的作用。当机床超载时，摩擦片会打滑，于是主轴就停止转动，从而避免损坏机床。所以摩擦片间的压紧力是根据离合器应传递的额定扭矩来确定的，并可用拧在压紧套上的螺母来调整。

学习建议

"卧式车床机械结构"的相关知识可以通过网络或相关参考书籍查阅学习。

想一想！做一做！

1．车床的切削运动包括＿＿＿＿＿＿、＿＿＿＿＿＿。

2．CA6140卧式车床主轴的反转是靠＿＿＿＿＿＿实现的。

制定工作计划和方案

做事情之前先制定一个工作计划吧!

工作计划怎么做呢?

工作计划的作用

在日常工作中,无论是单位还是个人,无论办什么事情,事先都应有个打算和安排,即工作计划。

有了工作计划,工作就有了明确的目标和具体的步骤,就可以协调大家的行动,增强工作的主动性,减少盲目性,使工作有条不紊地进行。同时,计划本身又是对工作进度和质量的考核标准,对大家有较强的约束和督促作用。

所以工作计划对工作既有指导作用,又有推动作用。好的工作计划,是建立正常的工作秩序和提高工作效率的重要前提。

还是不太明白,能不能帮我做一下?

那好,让我来帮你做!

工作计划的具体写法

工作计划是对一个单位的全面工作或个人将要进行某一项重要工作的具体要求,所以要具体、详细些。一般包括以下几方面内容:

(1)标题:或阐述依据,或概述情况,或直述目的,要写得简明扼要。

(2)主体:即计划的核心内容,阐述"做什么"(目标、任务)、"做到什么程度"(要求)、"怎样做"(措施办法)和"什么时间做完"(用多长时间)四项内容。

全面工作计划一般采取"并列式结构"(任务、措施分说)。

CA6140卧式车床是一台典型的机床加工设备，它的电气控制线路安装、调试工作具有一定的典型性和代表性，根据派工单的要求，现制定如表1-2所示的工作计划安排。

表1-2　工作计划安排表

CA6140卧式车床电气控制系统的安装与调试　项目实施计划			
序号	任务内容		工作时间/h	备　注
1	识读电气原理图	根据CA6140卧式车床电气原理图分析其控制原理	2	
2	识读项目实施工艺卡	（1）识读电器元件安装工艺卡	1	
		（2）识读电气线路安装工艺卡		
3	准备电器元件及工具	（1）根据元件清单准备电器元件	1	
		（2）根据工具清单准备相应工具		
4	电器元件的安装	根据电器元件布置图和电器元件安装工艺卡安装电器元件	4	
5	电气线路的安装	根据电气接线图和电气线路安装工艺卡连接线路	8	
6	通电前检查	（1）主电路检查	2	主要检查有无短路或者断路
		（2）控制电路检查		
		（3）辅助电路检查		
7	功能调试与验收	在接通电源的状态下检测机床各控制功能是否实现	2	
8	清理工作现场	（1）整理剩余材料	1	
		（2）整理工具		
		（3）打扫工作现场卫生、设备卫生		
9	整理资料	（1）整理相关图纸并装订成册	2	
		（2）整理相关工艺卡并装订成册		
		（3）整理相关记录、表格并装订成册		
10	项目移交	（1）移交相关技术文件	1	
		（2）移交设备		
审批（签字）：　　　　　　　　　　　　　制表（签字）：			

计划中提到的"工艺卡"是怎么回事？

拿出工艺卡，我来给你解释！

工艺卡

工艺卡主要用来描述一个产品或零件的装配顺序、工艺标准、工时等。

工艺卡的内容及形式：

工艺卡一般由公司设计部门的专人设计、填写，它描述了整机的装配工序安排，以设计文件为依据，按照工艺文件的工艺规程和具体要求，把各种零件安装在指定位置上，构成具有一定功能的完整产品。

工艺卡是用来指导工人加工或操作的，一般简易的工艺过程卡片中需编制简易的工序名称、工艺标准、工时，及所使用的工具、设备等。

工艺卡一般为表格形式，图文并茂，方便工人使用。

工艺卡不仅可以提高生产效率，还能规范生产。

看看工艺卡（见表1-3），有没有以上信息？

让我看看！

表1-3　工艺卡

×××××××××制造 有限公司装配车间				产品型号		CA6140
				产品名称		卧式车床
电气装配工艺过程卡片		共 页	第 页	部件图号		SW1-1
				部件名称		安装配电盘
工序号	工序名称	工序内容	装配部门	设备及工艺装备	辅助材料	工时定额 / min
1		布局电器元件				
		布局线槽		锯弓、锯条		
2		标记安装孔位置		记号笔、样冲		
3		打孔		电钻、⌀3.2钻头		
		攻丝		丝锥扳手、M4丝锥		
4		安装熔断器		M4螺丝、螺丝刀		
		安装接触器		M4螺丝、螺丝刀		
		安装热继电器		M4螺丝、螺丝刀		
		安装变压器		M4螺丝、螺丝刀		
		安装接地端子排		M4螺丝、螺丝刀		
		安装接线端子		M4螺丝、螺丝刀		
				设　计	描　图	
				审　核	描　校	
				批　准	底图号	
标记	处数	更改文件号	签字	日期	标准化	装订号

实施过程

让我们按下面的步骤进行本任务的实施操作吧！

1 机床常用电器元件

在做事情之前，先让我们做个回顾吧！表1-4中的元器件是否感觉很熟悉呢？

表1-4 机床常用电器元件

序号	元件名称	元件实物	电气符号
1	熔断器（FU）		FU
2	组合开关（QS）		QS
3	接触器（KM）		KM线圈　　KM主触点 KM常开触点　　KM常闭触点

序号	元件名称	元件实物	电气符号
4	热继电器 （FR）		FR热元件　常闭、常开触点
5	急停开关 （SB）		SB
6	按钮开关 （SB）		动合触头　　动断触头 复式触头
7	旋转开关 （SA）		SA
8	控制变压器 （TC）		TC

续表

序号	元件名称	元件实物	电气符号
9	三相笼型异步电动机（M）		M 3～

2 分析CA6140卧式车床电气控制原理

CA6140卧式车床电气原理图包括主电路、控制电路、照明及电源指示等辅助电路，如图1-13所示。

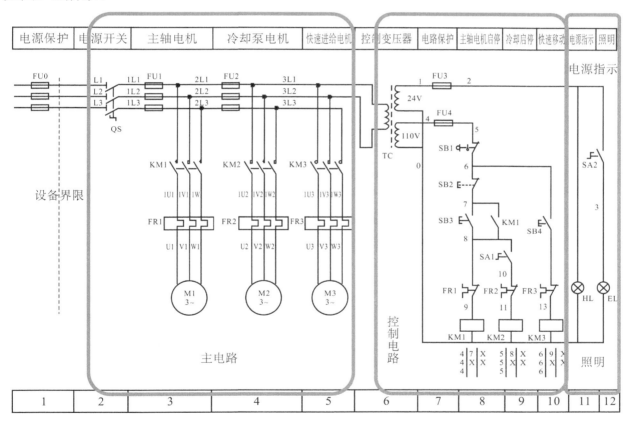

图1-13　CA6140卧式车床电气原理图

1.电源及保护电路

电源及保护电路部分由熔断器FU0、FU1、电源开关QS组成。其中，熔断器FU0为整个机床电路的总短路保护；电源开关QS为机床的电源总开关，也有的机床使用低压断路器（QF）；熔断器FU1为主轴电动机M1、冷却电动机M2、快速移动电动机M3、控制变压器TC的短路保护。控制变压器TC将380 V交流电压降为110 V，为控制电路提供电源。FU0、FU1、QS三个元件中任意一个出现问题机床都不能启动。

2.主轴电动机M1的控制原理

主轴电动机M1启动：

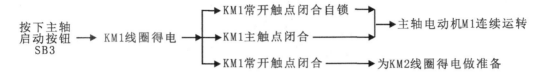

主轴电动机M1停止：

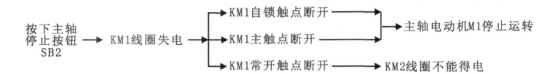

当主轴电动机M1在运行过程中出现过载时：

热继电器 FR1动作 → FR1主触点断开 → KM1线圈断电 → KM1主触点将M1电源切断 → 防止主轴电动机M1因过载而烧坏

3.冷却泵电动机M2 的控制原理

冷却泵电动机M2启动：

主轴电动机启动运行后 → KM1辅助触点闭合 → 旋转SA1至冷却泵开 → KM2线圈得电 → KM2主触点闭合 → 冷却泵电动机运行

KM1的辅助触点在这里实现了主轴电动机和冷却泵电动机的顺序控制，只有主轴电动机M1启动后，冷却泵电动机才能启动，提供冷却液。

冷却泵电动机M2停止：

4.刀架快速移动电动机M3的控制原理

刀架快速启动：

按下SB4 → KM3线圈得电 → KM3主触点闭合 → 刀架快速移动电动机M3运转 → 刀架快速移动

刀架停止：

松开SB4 → KM3线圈失电 → KM3主触点断开 → 刀架快速移动电动机M3停转 → 刀架停止运行

顺序启动线路
——顺序启动、逆序停止控制线路

某工矿企业一条皮带运输机上的两台电动机
（见图1-14）控制要求如下：

（1）电动机M1启动后，电动机M2才能启动；

（2）电动机M2停止后，电动机M1才能停止。

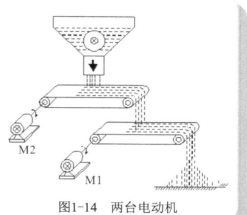

图1-14　两台电动机

顺序启动线路——顺序启动、逆序停止控制线路

控制原理图如图1-15所示。

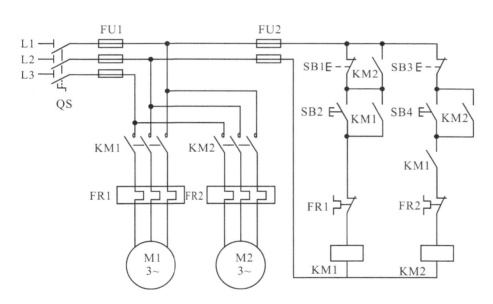

图1-15　控制原理图

想一想！做一做！

　　顺序启动、逆序停止的控制线路中，两台电动机的过载元件能否从控制回路的支路中删去，而串联在控制回路的干路中？

3 准备与安装电器元件

1.准备电器元件

根据CA6140卧式车床电气原理图（见图1-13）列出电器元件清单，详见表1-5。

表1-5　电器元件明细表

代号	名称	规格及型号	数量	用途
QS	电源开关	HZ2-10/3、40 A	1个	电源引入
FU1	熔断器	RT28-63、熔体40 A	3个	M1、M2保护
FU2		RT28-32、熔体4 A	3个	M2保护
FU3		RT28-32、熔体2 A	1个	信号灯、照明保护
FU4		RT28-32、熔体2 A	1个	控制线路保护
KM1	交流接触器	CJX2-1810、线圈110 V	1个	控制M1
KM2		CJX2-0910、线圈110 V	1个	控制M2
KM3		CJX2-0910、线圈110 V	1个	控制M3
FR1	热继电器	JRS4-09/25D、15.4 A	1个	M1过载保护
FR2		JRS4-09/25D、0.32 A	1个	M2过载保护
FR3		JRS4-09/25D、1.3 A	1个	M3过载保护
TC	控制变压器	BJK5-160VA、输入380 V、输出110 V/24 V	1个	为控制电路、电源指示和照明电路提供电源
SB1	急停按钮	LAY37-11ZS	1个	紧急停止M1
SB2	按钮	LA19-11、红色	1个	停止M1
SB3	按钮	LA19-11、绿色	1个	启动M1
SB4	按钮	LA9、黑色	1个	启动/停止M3
SA1	旋转开关	LAY3-11X2、绿色	1个	控制M2
EL	照明灯	交流24 V、40 W	1个	工作照明
HL	电源指示灯	交流24 V、1.2 W	1个	电源信号指示
M1	主轴电动机	Y132M-4、7.5 kW、1440 r/min	1台	主轴及进给传动
M2	冷却泵电动机	DB-25、120 W、50 L/min	1台	提供冷却液

续表

代号	名称	规格及型号	数量	用途
M3	快速进给电动机	YSS2-5634、250 W、1360 r/mn	1台	刀架快速移动
XT1	接线端子排	TD-1515	1排	连接控制电路
XT2		TD-2020	1排	连接主电路
	线槽	30×30	1米	布线
	导轨	35	1米	装卡元器件
	螺丝	M4×6	30个	固定线槽、导轨

2.检测电器元件质量

使用万用表检测各元器件质量情况，并记录于表1-6中。

交流接触器检测案例：

表1-6 电器元件质量检测记录表

型号：JCX2		检测项目：线圈检测	
测量位置	万用表挡位	测量值	参考值
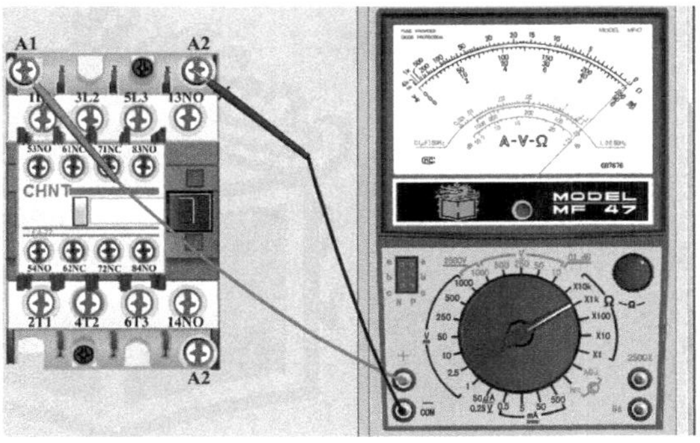	Ω挡，×10k		1400 Ω
检测项目：主触点检测			
	Ω挡，×10		1 Ω

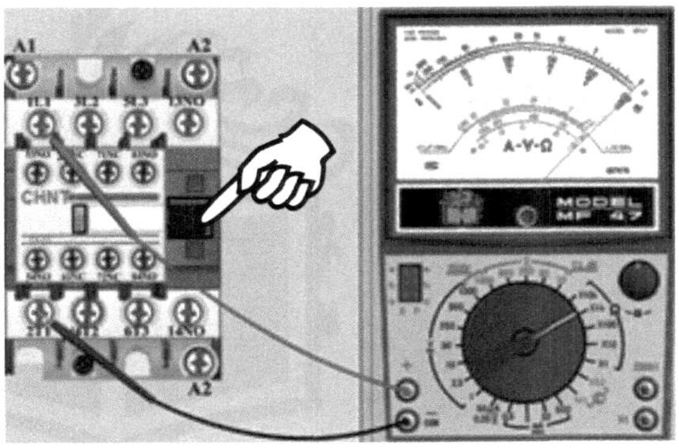

续表

检测项目：辅助触点检测			
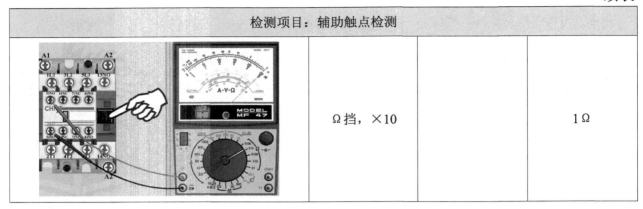	Ω挡，×10		1 Ω

3.安装电器元件

（1）识读电器元件布置图。CA6140卧式车床电器元件布置图见图1-16。

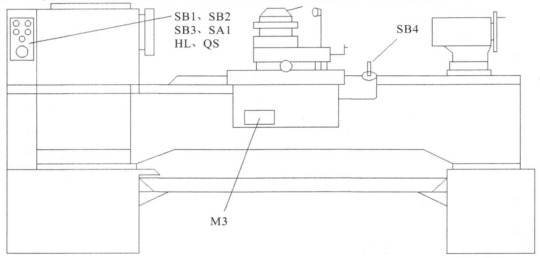

（a）电器元件在机床上的布置图（正面）

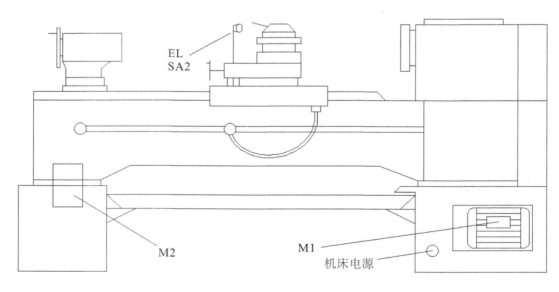

（b）电器元件在机床上的布置图（背面）

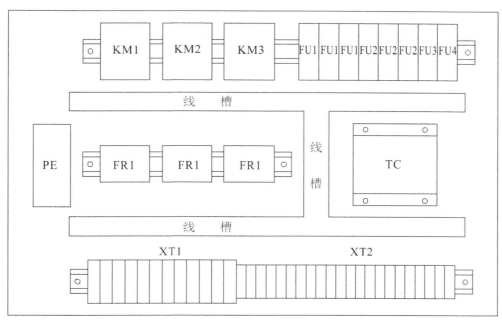

（c）配电盘布局图

图1-16　CA6140卧式车床电器元件布置图

（2）安装电器元件。按照电器元件安装工艺卡中的安装流程完成电器元件的安装，工艺卡如表1-7所示。

表1-7　CA6140卧式车床配电盘安装工艺卡

×××××××××工艺文件			产品型号	CA6140
			产品名称	卧式车床
电气装配工艺过程卡片	第1页	共2页	图　号	DZ1-01
			部件图号	电器元件的安装
工序号	工序名称	工序内容	工艺要求	
1	元器件布局	布局线槽	（1）熔断器的电源进线端（下接线座）向上；	
		布局电器元件	（2）各元件的位置应按电器元件布局图摆放整齐、均匀，间距合理，便于元件的更换； （3）线槽搭接处应成45°斜角	
2	标记安装孔	给每个电器元件的安装孔位置做好标记	（1）按电器元件安装孔标记； （2）使用记号笔或样冲做标记	

工序号	工序名称	工序内容	工艺要求
3	制作安装孔	打孔	（1）按标记用∅3.2钻头打孔、用M4丝锥攻丝； （2）攻丝时注意区分头锥和二锥
		攻丝	
4	元器件安装	安装导轨、线槽	（1）先安装导轨、线槽，再安装元器件； （2）紧固导轨、线槽及各元器件时，用力要均匀，紧固程度适当； （3）紧固热继电器等易碎元器件时，应按对角线轮流进行
		安装熔断器、接触器、热继电器	
		安装变压器	
		安装接线端子排、接地端子排	
5	贴标	粘贴元器件符号标签	（1）在元件上或安装位置附近粘贴与接线图对应的表示该元件的符号标签； （2）标签采用电脑印字机打印或手写

工 具		锯弓、钢板尺、榔头、样冲、手电钻、丝锥扳手、螺丝刀			岗 位		装配
辅助材料		锯条、记号笔、∅3.2钻头、M4丝锥、M4螺丝、带胶标签			工 时		
				设 计		描 图	
				审 核		描 校	
				批 准		底图号	
标 记	处 数	更改文件号	签 字	日 期	标准化		装订号

4 安装电气控制线路

1.准备材料

根据CA6140卧式车床电气原理图（如图1-13所示）可以列出材料明细表，详见表1-8。

表1-8 材料明细表

序 号	名称及用途	型号及规格	数 量
1	主轴电动机动力线	黑色、BVR-2.5 mm²	25 m
2	冷却泵电动机动力线	黑色、BVR-1.0 mm²	30 m
3	快速进给电动机动力线	黑色、BVR-1.0 mm²	
4	控制电路导线	红色、BVR-1.0 mm²	20 m
		白色、BVR-1.0 mm²	10 m
5	接地线	黄绿色、BVR-2.5 mm²	7 m
		黄绿色、BVR-1.0 mm²	8 m
6	冷压端子	UT2.5-3	50个
		UT1-3	100个
7	异型管	⌀2.5 mm²	0.5 m
		⌀1.0 mm²	1 m
8	绝缘胶布		1卷
9	绕线管	⌀10 mm²	15 m
10	吸盘（带胶）	20×20 mm	30个
11	扎带	3×150 mm	30根

2.安装电气控制线路

（1）识读电气接线图。CA6140卧式车床电气接线图如图1-17所示。

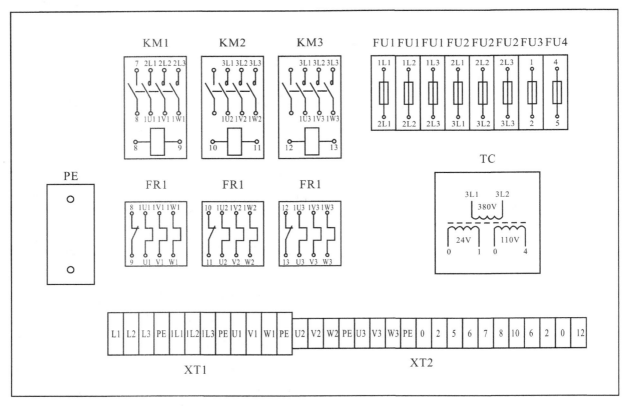

（a）配电盘接线图

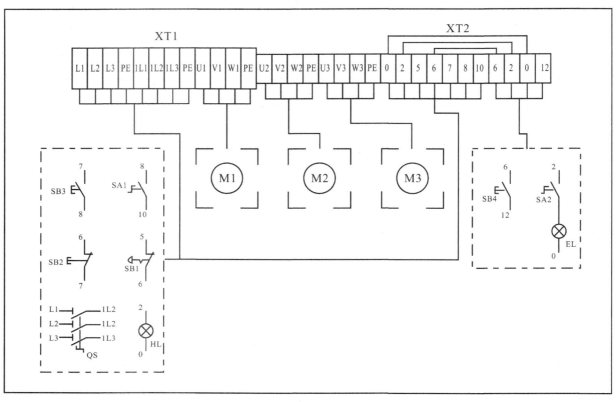

（b）盘外接线图

图1-17　CA6140卧式车床电气接线图

（2）安装电气控制线路

按照图1-17所示接线图进行导线布线，并套上已编制线号的异型管。按照表1-9的电气线路安装工艺卡，完成CA6140卧式车床电气控制线路安装。

表1-9　CA6140卧式车床电气控制线路安装工艺卡

××××××××××工艺文件			产品型号		CA6140
			产品名称		卧式车床
电气装配工艺卡片	第2页	共2页	图　号		DZ1-02
			部件图号		电气线路的安装
工序号	工序名称	工序内容	工艺要求		
1	放线	根据配线图放线	（1）连线时应注意导线的颜色、线径； （2）颜色一般为：动力线用黑色，交流火线用红色，零线用白色，接地线用黄绿色； （3）动力线的线径按电动机额定电流选择，参照接线图中标注的线径连接即可； （4）控制线的线径根据控制电路的额定电流选择，参照接线图中标注的线径连接即可； （5）剥线长度：5~7 mm； （6）导线要先套已编制线号的异型管，再压接U形冷压端子； （7）电器元件的接线柱螺丝应拧紧，防止导线脱落； （8）线槽外的导线要用绕线管防护，在电气线路沿线粘贴吸盘，把导线用扎带捆扎在吸盘上； （9）电机外壳、变压器等电器元件应可靠连接到接地端子排上； （10）做好安装过程记录		
2	套异型管	各线头套异形编号管			
3	写线号	根据接线图编写线号			
4	压冷压端子	各接头套冷压端子，用冷压钳压接			
5	接线	各接线头按接线图接到电器元件端子上			
6	整理线路	缠绕线管、粘吸盘、固定导线			
工　具		剥线钳、冷压钳、螺丝刀		岗　位	装配
辅助材料		记号笔、异型管、冷压端子、绕线管、吸盘、扎带		工　时	
			设　计	描　图	
			审　核	描　校	
			批　准	底图号	
标　记	处　数	更改文件号	签　字	日　期	标准化	装订号

5　通电前的电气控制线路检查

1.检查流程

为了确保机床正常工作，当机床在第一次安装调试或者是在机床搬运后第一次通电运行之前都要进行检查。机床通电前检查的内容、方法与要求如流程图1-18所示。

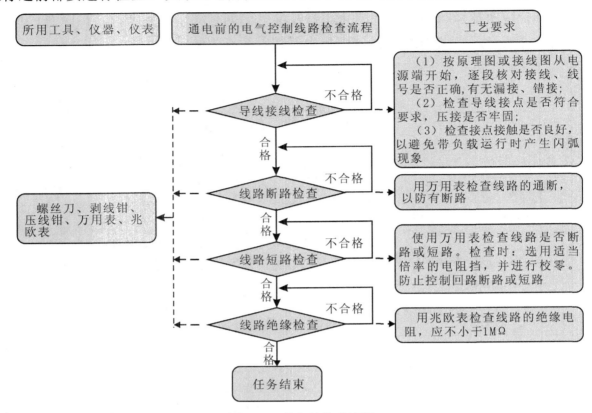

图1-18 通电前检查流程

2.检查案例

主轴电机主回路、控制回路通断检查，见表1-10。

表1-10 主轴电机主回路、控制回路通断检查

主回路测量位置：2L1—U1	
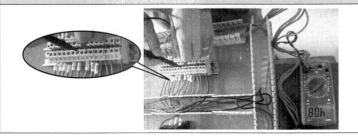	将表笔搭在2L1、U1号接线端子上，读数应为"∞"，用手动代替接触器通电接通，读数应为"0"。 其余主回路可按此方法检查。
控制回路测量位置：0—4	
	将表笔分别搭在0、4号接线端子上，读数应为"∞"，按下SB3时，读数应为接触器KM1线圈的直流电阻值。 其余控制回路可按此方法检查。

3.填写检查记录表

设备通电前电气安装检查记录表如表1-11所示。

表1-11　设备通电前电气安装检查记录表

设备名称			设备型号		检查时间	
内　容		序　号	检查项目			检查人
安装工艺检查	元件安装工艺规范	1	元器件安装整齐并且牢固可靠 □			
		2	按钮、信号灯颜色正确 □			
		3	元器件接线端子、接点等带电裸露点之间间隔或与外壳、接点之间间隔符合要求 □			
		4	各元器件符号贴标位置正确 □			
	线路安装工艺规范	5	导线选择是否正确： 颜色 □　规格 □　材质 □　类型 □			
		6	导线连接工艺是否合格： 压接牢靠 □　漏铜 □　导线入槽 □　毛刺 □ 冷压端子 □　线号 □　端子线数 □　接头 □			
		7	穿线困难的管道，是否增添备用线 □			
		8	铺设导线，无穿线管采用尼龙扎带扎接 □			
		9	保护接地检查 □			
线路检查	短路检查	10	主电路相线间短路检查 □			
		11	交流控制电路相线间短路检查 □			
		12	相线与地线间短路检查 □			
	断路检查	13	主轴电机主电路检查 □			
		14	冷却泵电机主电路检查 □			
		15	快速进给电机主电路检查 □			
		16	电源指示电路检查 □			
		17	照明电路检查 □			
	绝缘检查	18	主电路绝缘电阻大于1MΩ □			
		19	控制电路绝缘电阻大于1MΩ □			

说明：
（1）本表适用于设备通电前检查记录时使用。
（2）表中检查项目结束且正常项在对应"□"划"√"；未检查项不做标记，待下一步继续检查；非正常项在对应"□"划"×"

来给设备通电吧！看电气功能是否都正常？

1 电气控制功能验收

1.机床电气功能调试验收一般流程

机床电气控制线路安装完成后，通电调试是很关键的一步，通电调试与功能验收，可以参照图1-19的流程进行。

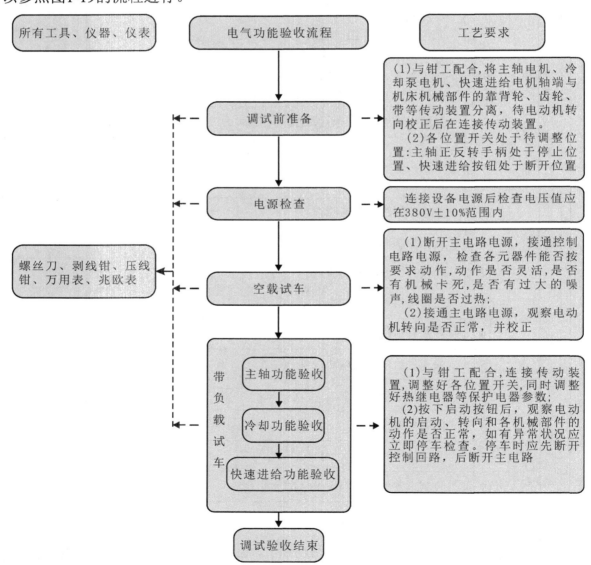

所有工具、仪器、仪表	电气功能验收流程	工艺要求
	调试前准备	(1)与钳工配合,将主轴电机、冷却泵电机、快速进给电机轴端与机床机械部件的靠背轮、齿轮、带等传动装置分离,待电动机转向校正后在连接传动装置。 (2)各位置开关处于待调整位置:主轴正反转手柄处于停止位置、快速进给按钮处于断开位置
	电源检查	连接设备电源后检查电压值应在380V±10%范围内
螺丝刀、剥线钳、压线钳、万用表、兆欧表	空载试车	(1)断开主电路电源,接通控制电路电源,检查各元器件能否按要求动作,动作是否灵活,是否有机械卡死,是否有过大的噪声,线圈是否过热; (2)接通主电路电源,观察电动机转向是否正常,并校正
	带负载试车：主轴功能验收／冷却功能验收／快速进给功能验收	(1)与钳工配合,连接传动装置,调整好各位置开关,同时调整好热继电器等保护电器参数; (2)按下启动按钮后,观察电动机的启动、转向和各机械部件的动作是否正常,如有异常状况应立即停车检查。停车时应先断开控制回路,后断开主电路
	调试验收结束	

图1-19　机床电气功能调试验收一般流程

2.调试验收案例参考——主轴功能调试验收

（1）主轴空载试车（如图1-20所示）。

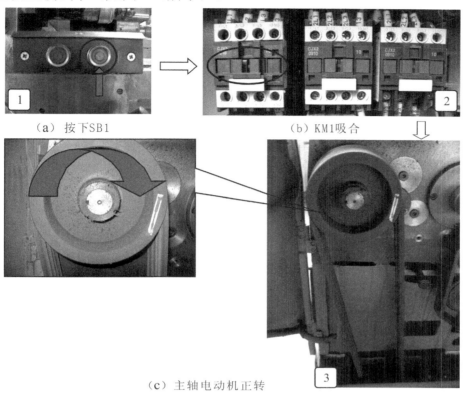

（a）按下SB1　　　　　　　　　（b）KM1吸合

（c）主轴电动机正转

图1-20　主轴空载试车示意图

（2）主轴带负载试车（如图1-21所示）。

（a）手柄抬起　　　　　　　　　（b）主轴正转

（c）手柄压下　　　　　　　　　（d）主轴反转

图1-21　主轴带负载试车示意图

2 填写设备通电调试验收记录表

设备通电调试验收记录表如表1-12所示。

表1-12　设备通电调试验收记录表

设备名称			设备型号		
项　目	序号	检查内容			检查结果
通电前准备	1	"设备通电前电气安装检查记录表"中所有项目已检查			
	2	所有电动机轴端与机床机械部件已分离			
	3	所有开关、熔断器都处于断开状态			
	4	检查所有熔断器、热继电器电流调定符合设计要求			
	5	连接设备电源后检查电压值应在380 V±10%范围内			

项　目		序号	操作内容	检查内容	检查结果
功能验收	试车准备	1	合上总电源开关	配电箱中是否有气味异常，若有应立即断电	
	主轴功能验收	2	按下SB3	主轴电动机转向是否正确	
		3		各元器件动作是否灵活	
		4		TC、KM1是否噪声过大	
		5		TC、KM1线圈是否过热	
		6	按下SB2	主轴电动机是否停止运行	
		7	连接传动机构	主轴电动机与传动装置连接是否牢固	
		8	按下SB3	主轴电动机是否运转	
		9	抬起主轴手柄	主轴是否正转	
		10	手柄置于中间位置	主轴是否停转	
		11	压下主轴手柄	主轴是否反转	
		12	按下SB2	主轴电动机是否停止运行	
	冷却功能验收	13	旋转SA1至冷却泵开	冷却泵电动机运行是否正常	
		14	旋转SA1至冷却泵关	冷却泵电动机是否停止运行	

续表

项　目		序号	操作内容	检查内容	检查结果
功能验收	刀架快速移动功能验收	15	按下SB4	刀架快速移动电动机转向是否正确	
		16	松开SB4	刀架快速移动电动机是否停止运行	
		17	连接传动机构	电动机与传动装置连接是否牢固	
		18	按下SB4	刀架是否能快速移动	
		19	松开SB4	刀架是否能立即停止移动	
	辅助功能验收	20	旋转SA2至照明开	照明灯是否点亮	
		21	旋转SA2至照明关	照明灯是否熄灭	
操作人（签字）：　　　　　　　　　　年　　月　　日				检查人（签字）：　　　　　　　　　　年　　月　　日	

项目移交

任务完成了！来做个资料交接吧！

让我检查一下，合格就给你签字！

检查设备合格后在设备移交单（见表1-13）上签字。

表1-13　设备移交单

设备名称			设备型号		
一、主机及装在主机上的附件					
序　号	名　　称		规　格	数　量	备　注
1	普通车床			1台	
2	配电盘			1套	
3	冷却装置			1套	
4	照明装置			1套	
二、技术文件					
1	电气原理图			1张	

续表

序 号	名 称	规 格	数 量	备 注
2	电器元件布置图		2张	
3	电气接线图		1张	
4	电气控制线路安装工艺卡		1套	
5	电器元件明细表		1张	
6	材料明细表		1张	
7	设备通电前电气安装检查记录表		1张	
8	设备通电调试验收记录表		1张	
9	派工单		1张	
操作人（签字）： 年　　月　　日		派工人（签字）： 年　　月　　日		接收人（签字）： 年　　月　　日

工作小结

任务刚刚结束，赶紧做个小结吧！

 小提示

　　主要对工作过程中学到的知识、技能等进行总结！

这是我做的最骄傲的事！

这是我该反思的内容！

这是我要持续改进的内容！

项目2 CA6140卧式车床主轴无法运转的故障诊断与维修

任务描述

来了解一下任务吧！

工业自动化系机械加工车间有一台CA6140卧式车床，操作者在启动机床时发现主轴电机不能启动，便立即将此情况上报负责设备维修的电气自动化教研室的当天值班教师，该教师随即带领电维班学生前往处理。到达现场后，学生在教师的指导下向设备操作者咨询了现场情况后，根据故障现象利用该机床电气控制原理图进行故障的分析与诊断，找出故障的部位进行相应处理。启动机床试车后，确认故障排除，填写维修任务单。维修申报书如表1-14所示。

表 1-14 机加车间设备故障（事故）维修申报书

<table>
<tr><td rowspan="4">操作人填写</td><td>设备编号</td><td>设备名称</td><td>设备型号</td><td>操作人姓名</td><td>班组组长</td></tr>
<tr><td>XD104104</td><td>车床</td><td>CA6140</td><td>马明</td><td>王刚</td></tr>
<tr><td colspan="5">故障（事故）申报时间：___2012_年___9_月___12_日</td></tr>
<tr><td colspan="5">故障（事故）现象（故障详细信息）：
CA6140卧式车床，给机床上电后，电源指示灯亮，当按下主轴启动按钮启动主轴时，发现主轴电机不能启动运行。</td></tr>
<tr><td rowspan="4">维修人员填写</td><td colspan="5">维修方案实施情况及结果：

维修人（签字）：</td></tr>
<tr><td colspan="5">维修性质：
□设计不良 □制造不良 □维修不良 □操作不当 □保养不良
□超负荷 □电器元件不良 □安装不良 □零件不良 □零件老化
□润滑不良 □精度不够 □原因不明 □其他_____</td></tr>
<tr><td colspan="5">维修需更换部件明细（技术参数说明）、费用：（可附清单）</td></tr>
<tr><td colspan="2">□ 故障已排除
□ 故障未排除</td><td colspan="3">未修复原因：</td></tr>
</table>

续表

设备员填写	外购件筹备情况（货到情况和日期）：
	事故设备"四不放过"实施和对操作人实施教育： 设备员（签字）：
	□ 通知生产及相关人员　　□ 上报车间　　□ 上报主管部门

修复日期：_____年_____月_____日

操作人（签字）：	维修人（签字）：	班组组长（签字）：

注：四不放过指事故的原因没有查清楚不放过；事故责任者和应受教育者没有受到教育不放过；事故责任人没有受到处理不放过；没有采取防范措施不放过。

背景知识储备

首先让我们去看看工作的环境吧（如图1-22所示）！

这就是工作场地！

图1-22 机械加工生产车间

这就是需要维修的车床（如图1-23所示）！

CA6140？原来是之前我安装调试过的那个型号！我很熟悉它啊！

图1-23　CA6140卧式车床

机床电气故障维修的一般步骤如图1-24所示。

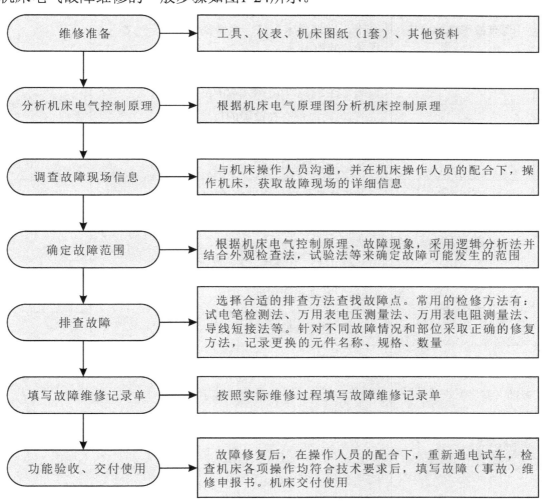

图1-24　机床电气故障维修的一般步骤

制定维修计划和方案

让我抓紧时间工作吧！

当然！做事情是要按流程和步骤的嘛（见表1-15）！

表1-15　工作计划安排表

序号	工作阶段	工作内容	工作时间/h	备注
		CA6140卧式车床主轴无法运转故障诊断与维修 项目实施计划		
1	分析机床电气控制原理	通过分析CA6140卧式车床电气控制原理，列出可能引起故障的所有故障点（电器元件及相关线路）	1	
2	调查故障现场信息	到故障现场后，在操作人员的配合下，操作机床，进一步观察故障现象，并做记录	2	
3	确定故障范围	把从故障现场获取的故障信息与之前的分析进行对比，确定故障范围	2	
4	故障排查	（1）对可能存在故障的位置进行逐一排查，确认故障点后排出故障； （2）记录排查过程	6	
5	设备验收	与机床操作者一同完成故障验收	1	
6	清理工作现场	（1）整理工具 （2）打扫工作现场卫生、设备卫生	1	
7	资料整理	（1）整理相关图纸 （2）整理维修记录	2	
8	项目移交	完成设备、资料交接	1	

审批（签字）：　　　　　　　　　　制表（签字）：

实施过程

1 分析机床电气控制原理

CA6140卧式车床电气原理图如图1-25所示。

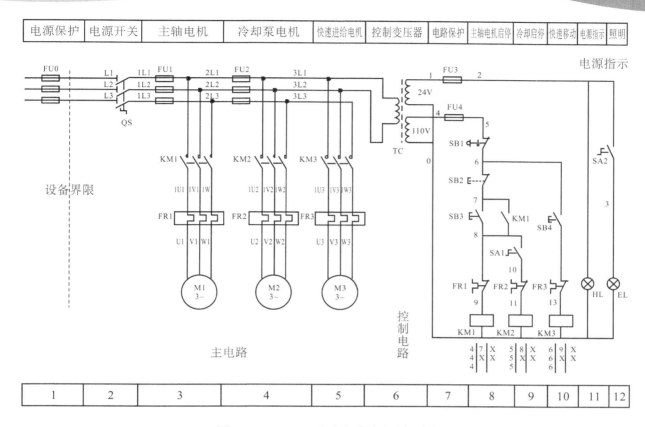

图1-25　CA6140卧式车床电气原理图

1.分析主轴电动机运转控制原理

主轴电动机运转控制原理：

2.分析"维修申报书"中故障现象的描述

故障现象描述：CA6140卧式车床，给机床上电后，电源指示灯亮，当按下主轴启动按钮启动主轴时，发现主轴电机不能启动运行。

分析结果：（1）主回路中，L1、L2电源支路不存在故障。

（2）控制回路中，变压器TC的24 V输出端不存在故障。

3.列出可能存在故障的元器件及相关线路

通过前面两步的分析，可以列出所有可能导致故障的原因、故障回路，详见表1-16。

表1-16 故障原因列表

故障现象：主轴无法运转			
故障原因			故障回路（元器件、线路线号）
主电路	电源缺相	供电电源缺相	FU0—L3
		机床内电源缺相	QS—1L3—FU1—2L3—KM1—1W1—FR1—W1
	电动机故障		M1
控制电路	控制电路断路		TC（110 V）—4—FU4—5—SB1—6—SB2—7—SB3—8—FR1—9—KM1—0

2 调查故障现场信息、确定故障范围

通过与操作人员配合，按图1-26所示操作流程操作机床，将获取的现场故障信息填入故障现场信息调查表（详见表1-17）。

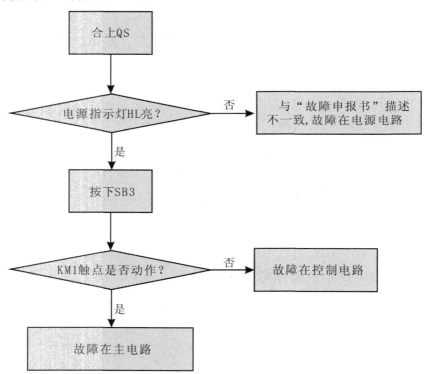

图1-26 确认故障范围的操作流程

表1-17 故障现场信息调查表

步骤	操作项目	机床状态（现象）	故障范围
1	合上电源开关QS		
2	按下SB3并保持		

3 排查事故

知识链接

机床电气故障常用的维修方法——万用表电压测量法1（见表1-18）

表1-18　电压分阶测量法

测量示意图	测量位置	正常值	故障值	故障点
	按下SB2前			
	0—2	110 V	0 V	FU
	0—3	110 V	0 V	FR
	0—4	110 V	0 V	SB1
	按下SB2后，并保持			
	0—5	110 V	0 V	KM

知识链接

机床电气故障常用的维修方法——万用表电压测量法2（见表1-19）。

表1-19　电压分段测量法

测量示意图	测量位置	正常值	故障值	故障点
	按下SB2后，并保持			
	2—3	0 V	110 V	FR
	3—4	0 V	110 V	SB1
	4—5	0 V	110 V	SB2
	5—0	110 V	0 V	KM

1.控制回路检查——用电压检查法排查

按图1-27的流程进行故障排查，确定故障点后，进行排除。

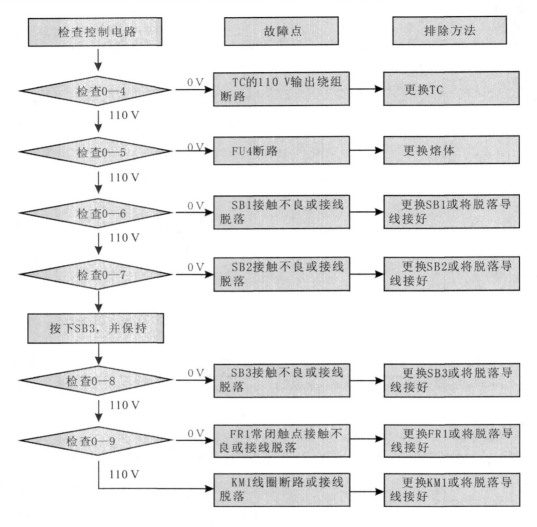

图1-27　控制回路检查流程

为便于检查，将检测结果记录于表1-20中。

表1-20 检查过程记录表

测量线路及状态	测量位置	测量值	正常值
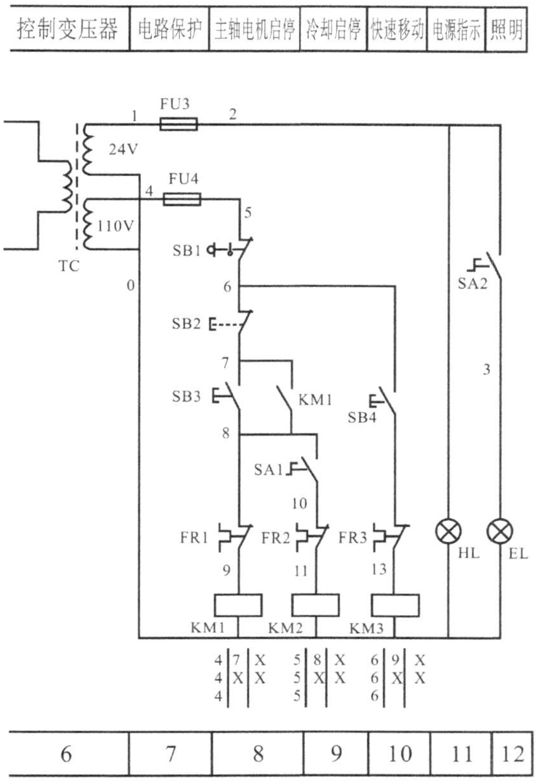	0—4		110 V
	0—5		110 V
	0—6		110 V
	0—7		110 V
	0—8		110 V
	0—9		110 V

控制变压器
电路保护
主轴电机启停
冷却启停
快速移动
电源指示
照明
FU3
FU4
24V
110V
TC
SB1
SB2
SB3
SB4
KM1
SA1
SA2
FR1
FR2
FR3
HL
EL
KM1
KM2
KM3
0
1
2
3
4
5
6
7
8
9
10
11
13
6
7
8
9
10
11
12

2.检查主电路

主电路的检查如图1-28所示。

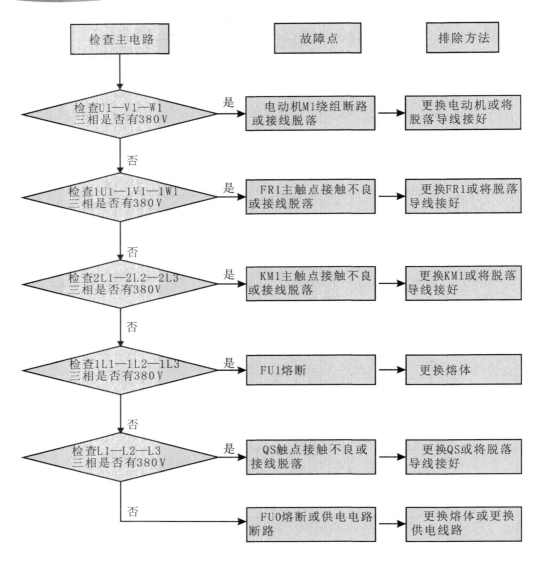

图1-28　主回路检查流程

为了便于检查，将检测结果记录于表1-21中。

表1-21　检查过程记录表

测量线路及状态	测量位置	测量值	正常值
电源保护　电源开关　主轴电机 （电路图） 设备界限	U1—V1—W1		三相380 V
	1U1—1V1—1W1		三相380 V
	2L1—2L2—2L3		三相380 V
	1L1—1L2—1L3		三相380 V
	L1—L2—L3		三相380 V

4　填写"故障维修记录单"

参照下面提供的"机加车间设备故障维修记录表"（见表1-22）样例，根据本故障维修情况如实填写表1-23。

表1-22　机加车间设备故障维修记录单

维修单号：20120067

设备编号	设备名称	设备型号	维修人	维修时间
XD104104	车床	CA6140	杨强	2012.9.13

设备故障详情：

　　故障现象：主轴无法运转。

　　经与操作人员沟通：该故障出现时，为当天第一次开机后。

故障排除情况：

　　经排查，由于KM1线圈断路导致无法得电，造成主轴电动机无法运转。

　　取下KM1，拆开后，发现线圈老化，线圈接线端子处已烧断。

　　分析原因：可能是由于开机时启动电流过大，导致烧断。

　　更换备件后，故障排除，机床可正常运转。

续表

	序号	配件名称	规格	价格	备注
维修更换配件	1	交流接触器	CJX2-1810 线圈 110 V		库房领取
	2				
	3				
	4				

注：维修人员从维修部门主管领导处领取本记录单，由维修人员按维修实际情况填写，维修结束后将记录单交维修部门主管领导留存。

此维修单主要作为维修人员总结、交流故障维修经验使用。

设备维修人员必须完整、详实地记录维修过程！

表1-23　机加车间设备故障维修记录单

维修单号：_____

设备编号	设备名称	设备型号	维修人	维修时间

设备故障详情：

故障排除情况：

	序号	配件名称	规格	价格	备注
维修更换配件	1				
	2				
	3				
	4				

项目检查与验收

 **来给设备通电吧！看电气功能是否都正常？**

故障排除后的机床电气功能验收可参照下表中的项目进行。将检查结果记录于表1-24中。

表1-24　设备通电调试验收记录表

设备名称				设备型号	
项目		序号	操作内容	检查内容	检查结果
功能验收	试车准备	1	合上总电源开关	配电箱中是否有气味异常，若有应立即断电	
	主轴功能验收	2	按下SB3	主轴电动机转向是否正确	
		3	按下SB2	主轴电动机是否停止运行	
		4	抬起主轴手柄	主轴是否反转	
		5	手柄置于中间位置	主轴是否停转	
		6	压下主轴手柄	主轴是否正转	
	冷却功能验收	7	旋转SA1至冷却泵开	冷却泵电动机运行是否正常	
		8	旋转SA1至冷却泵关	冷却泵电动机是否停止运行	
	刀架快速移动功能验收	9	按下SB4	刀架是否能快速移动	
		10	松开SB4	刀架是否能立即停止移动	
	辅助功能验收	11	旋转SA2至照明开	照明灯是否点亮	
		12	旋转SA2至照明关	照明灯是否熄灭	
操作人（签字）：　　　　　年　　月　　日				检查人（签字）：　　　　　年　　月　　日	

项目移交

任务完成了！来做个资料交接吧！

让我检查一下，合格就给你签字！

维修任务完成后，需填写"机加车间设备故障（事故）维修报告书"（见表1-26），由设备员整理归档。参照下面提供的"机加车间设备故障（事故）维修报告书"（见表1-25）样例，根据本故障维修情况如实填写。

表1-25　机加车间设备故障（事故）维修申报书

操作人填写	设备编号	设备名称	设备型号	操作人姓名	班组组长
	XD104104	车床	CA6140	马明	王刚
	故障（事故）申报时间：　2012　年　9　月　12　日				
	故障（事故）现象（故障详细信息）： CA6140卧式车床，给机床上电后，电源指示灯亮，当按下主轴启动按钮启动主轴时，发现主轴电机不能启动运行。				
维修人员填写	维修方案实施情况及结果： 主回路或控制回路故障，根据经验，控制回路可能性大。首先检查控制回路。 经排查，由于KM1线圈断路导致无法得电，造成主轴电动机无法运转。 取下KM1，拆开后，发现线圈老化，线圈接线端子处已烧断。 分析原因：可能是由于开机时启动电流过大，导致烧断。 更换备件后，故障排除，机床可正常运转。 　　　　　　　　　　　　　　　　　　　　　　维修人（签字）：杨强				
	维修性质： 　　□设计不良　□制造不良　　□维修不良　□操作不当　□保养不良 　　□超负荷　　□电器元件不良　□安装不良　□零件不良　☑零件老化 　　□润滑不良　□精度不够　　□原因不明　□其他＿＿＿＿＿＿＿＿				
	维修需更换部件明细（技术参数说明）、费用：（可附清单） 交流接触器1个，规格：CJX2-1810、线圈110 V。				
	☑ 故障已排除 □ 故障未排除	未修复原因：无			
	外购件筹备情况（及货到情况和日期）：无				
	事故设备"四不放过"实施和对操作人实施教育：无 　　　　　　　　　　　　　　　　　　　　　　设备员（签字）：李晓				
	☑ 通知生产及相关人员　　□ 上报车间　　□ 上报主管部门				

续表

修复日期：　　2012　年　　9　月　　13　日		
操作人（签字）：马明	维修人（签字）：杨强	班组组长（签字）：王刚

小提示

　　此"维修申报书"作为设备管理部门统计设备故障率、设备利用率、维修人员工作量等使用。

　　所有相关人员必须认真、如实做好记录！

表1-26　机加车间设备故障（事故）维修申报书

<table>
<tr><td rowspan="4">操作人填写</td><td>设备编号</td><td>设备名称</td><td>设备型号</td><td>操作人姓名</td><td>班组组长</td></tr>
<tr><td></td><td></td><td></td><td></td><td></td></tr>
<tr><td colspan="5">故障（事故）申报时间：_____年_____月_____日</td></tr>
<tr><td colspan="5">故障（事故）现象（故障详细信息）：</td></tr>
<tr><td rowspan="7">维修人员填写</td><td colspan="5">维修方案实施情况及结果：

　　　　　　　　　　　　　　　　　　　　　　　　维修人（签字）：</td></tr>
<tr><td colspan="5">维修性质：
　□设计不良　□制造不良　　□维修不良　□操作不当　□保养不良
　□超负荷　　□电器元件不良　□安装不良　□零件不良　□零件老化
　□润滑不良　□精度不够　　　□原因不明　□其他</td></tr>
<tr><td colspan="5">维修需更换部件明细（技术参数说明）、费用：（可附清单）</td></tr>
<tr><td colspan="2">□　故障已排除
□　故障未排除</td><td colspan="3">未修复原因：</td></tr>
<tr><td colspan="5">外购件筹备情况（及货到情况和日期）：</td></tr>
<tr><td colspan="5">事故设备"四不放过"实施和对操作人实施教育：

　　　　　　　　　　　　　　　　　　　　　　　　设备员（签字）：</td></tr>
<tr><td colspan="5">□ 通知生产及相关人员　　□ 上报车间　　□ 上报主管部门</td></tr>
</table>

续表

修复日期：_____年_____月_____日		
操作人（签字）：	维修人（签字）：	班组组长（签字）：

工作小结

任务刚刚结束，赶紧做个小结吧！

小·提示

主要对工作过程中学到的知识、技能等进行总结！

这是我做的最骄傲的事！

这是我该反思的内容！

这是我要持续改进的内容！

拓展知识

本任务中的故障我已经会处理了！那其他故障怎么处理呢？

表1-27记录了CA6140卧式车床常见故障及处理方法。

表1-27 CA6140卧式车床常见故障及处理方法

故障现象	故障原因	处理方法
主轴电动机M1启动后不能自锁	接触器KM1的自锁触头接触不良或连接导线松脱	合上QS，测KM1自锁触头（7－8）两端的电压，若电压正常，则故障是自锁触头接触不良；若无电压，则故障是7号或8号连接线断线或松脱
主轴电动机M1不能停止	KM1主触点熔焊；停止按钮SB2被击穿或线路中6、7两点连接导线短路；KM1铁芯端面被油垢粘牢不能脱开	断开QS，若KM1释放，说明故障是停止按钮SB2被击穿或导线短路，需更换SB2或重新接线；若KM1过一段时间释放，则故障为铁芯端面被油垢粘牢，需清洁油垢；若断开QS，KM1不释放，则故障为主触点熔焊，需更换主触点或更换KM1
主轴电动机M1运行中停车	热继电器FR1动作	找出FR1动作的原因，排除故障后，将FR1复位
照明灯EL不亮	灯泡损坏；FU3熔断；SA2触头接触不良；TC二次绕组断线或接头松脱；灯泡和灯头接触不良等	首先检查FU3，若已熔断，查明原因，排除故障后，更换相同规格的熔体；其次检查SA2及控制线路，若有接触不良或断线，可更换SA2或重新将线路接好，若怀疑灯泡和灯头接触不良，可将灯头内舌簧适当抬起，再旋紧灯泡
刀架快速移动电动机不能运转	FU2熔断；KM3线圈断路或主触点接触不良	首先检查FU2是否熔断；其次检查KM3主触点接触是否良好，若无异常，按下SB4，KM3不吸合，则故障存于控制线路
主轴、冷却泵和快速移动电动机都不能启动，信号灯和照明灯不亮	FU1、FU2熔断；TC原边接线断路	首先检查FU1、FU2，若熔体完好，则检查TC原边接线是否有断路

学习任务二

钻床电气控制系统的装调与维修

通过上个任务的学习，我们已经掌握了普通车床的工作过程以及它的控制原理。在本次任务中，我们来认识一类新的机床（钻床），并掌握钻床电气控制系统的装调与维修。在进入本次任务之前我们先来看看下面这幅图片（如图2-1所示）。

图2-1　手电钻

手电钻主要是用来钻孔的工具，它是通过电动机的旋转传动齿轮箱，再由齿轮箱带动钻头高速旋转来给物体钻孔。在整个钻孔的过程当中钻头做高速的旋转运动，而被钻孔的物体保持静止不动，我们把这种运动叫做钻削运动（如图2-2所示），把主要用钻头在工件上加工孔的机床叫做钻床。

图2-2　零件钻孔

钻床是一种用途广泛的孔加工机床。它主要用于钻削精度要求不太高的加工领域，另外还可以进行扩孔、铰孔和攻丝等加工，具有结构简单、加工精度相对较低等特点。它使刀具旋转做主运动，钻床的主参数是最大钻孔直径。

钻床的主要类型有台式钻床、立式钻床、摇臂钻床和卧式钻床（分别如图2-3～图2-6所示）等。

图2-3 台式钻床

图2-4 立式钻床

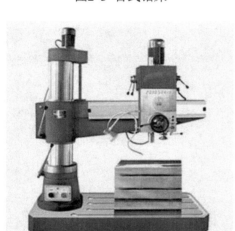

图2-5 摇臂钻床

图2-6 卧式钻床

　　小型台钻，属于台钻技术领域，包括工作台、立柱、机头箱、电机、传动机构、主轴及钻夹头、轴承、套筒、进给机构及电气控制系统。电机为单相串激电机，它具有传动结构简单、调速方便、退刀速度快、退刀弹簧不易损坏等特点。小型台钻可广泛应用于家庭、小作坊等场所的钻孔加工。

　　立式钻床是主轴箱和工件台安置在立柱上，主轴竖直布置的钻床。立钻可以自动进给，它的功率和机构强度允许采用较高的切削用量，因此用这种钻床可获得较高的劳动生产率，并可获得较高的加工精度。立式钻床的主轴转速、进给量都有较大的变动范围，可以适应不同材料的刀具在不同材料的工件上的加工，并能满足钻、锪、铰、攻螺纹等各种不同工艺的需要。在立式钻床上装一套多轴传动头，能同时钻削几十个孔，可作为批量生产的专用机床。

　　摇臂钻床，也可以称为摇臂钻，是一种孔加工设备，可以用来钻孔、扩孔、铰孔、攻丝及修刮端面等多种形式的加工。按机床夹紧结构分类，摇臂钻可以分为液压摇臂钻床和机械摇臂钻床。在各类钻床中，摇臂钻床操作方便、灵活，适用范围广，具有典型性，特别适用于单件或批量生产带有多孔大型零件的孔加工，是一般机械加工车间常见的机床。

卧式钻床是主轴水平布置的钻床。

在钻床的使用过程中，由于它的工作环境、工作负荷等因素的影响，会时常出现一些大大小小的故障从而影响加工。设备维修人员主要将围绕机床的常规保养、故障维修、设备大修、技术改造等内容开展工作，这些工作又可以分为机械和电气两个方面。作为一名电工学员，就让我们从以下两个项目来了解它们吧！

项目1 Z3040摇臂钻床电气控制系统的安装与调试

任务描述

来了解一下任务吧！

我们系机械加工车间现有一台Z3040摇臂钻床，因为电气线路老化的原因，机床不能正常运行，已经影响了我们正常教学的设备数量，因此系里给我们提供了机床电气原理图、电气接线图、电器元件布置图和元件清单等相关技术文件，由我们来安排电气控制线路的安装流程并填写电气控制线路安装工艺卡，按照机床电气控制线路安装规程完成电气线路的安装。线路安装完成，学生完成对线路的自检后，由专业教师进行线路检查、通电调试、功能验收，合格后交付车间负责人。工作时间40 h，工作过程需按"6S"现场管理标准进行。

哦！是这样的，那我们要做什么呢？

下面有一张的派工单（见表2-1），我们先看看吧！

表2-1　派 工 单

工作地点	机械加工车间	工　　时	××h	任务接受人	×××
派工人	×××	派工时间	×年×月×日	完 成 时 间	
技术标准	GB 5226.1—2008《机械电气安全 机械电气设备 第1部分：通用技术条件》				
工作内容	根据附件提供的资源，完成Z3040摇臂钻床电气控制线路的安装、调试及相关工艺卡片的填写，功能验收合格后，交付生产部负责人				
其他附件	（1）Z3040摇臂钻床电气原理图，1套； （2）Z3040摇臂钻床电器元件布置图，1张； （3）Z3040摇臂钻床电气接线图，1张； （4）电器元件明细表，1张				
任务要求	（1）工作时间40 h； （2）工作现场管理按"6S"标准执行				
验收结果	操作者自检结果： 　　□合格　　□不合格 签名： 　　　　　年　　月　　日		检验员检验结果： 　　□合格　　□不合格 签名： 　　　　　年　　月　　日		

背景知识储备

让我们来学习一下可能会用到的相关知识吧！

　　通过阅读派工单，我们了解到在这个任务里我们该干什么，以什么样的标准干，但是还是对摇臂钻床不清楚。接下来我们先看看Z3040摇臂钻床的一些基本知识。

　　Z3040摇臂钻床是一种立式钻床，适用于单件或小批量生产中加工带有多孔的大型零件。

　　1.Z3040摇臂钻床型号的含义

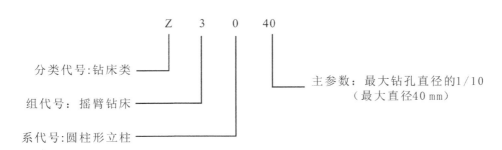

2.Z3040摇臂钻床的结构

摇臂钻床的结构如图2-7所示，主要由底座、外立柱、内立柱、摇臂、主轴箱和工作台等部件组成。

内立柱固定在底座上，外面套着空心的外立柱，外立柱可绕着不动的内立柱回转360°。摇臂一端的套筒部分与外立柱滑动配合，摇臂可沿外立柱上下移动，但不能绕外立柱转动，只能与外立柱一起相对内立柱回转。

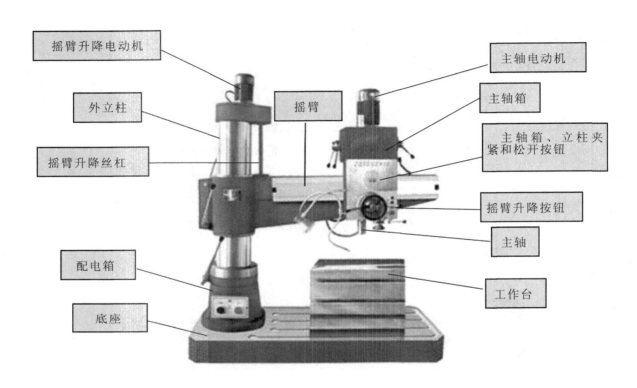

图2-7　Z3040型摇臂钻床外观结构图

3.Z3040摇臂钻床的运动特点

Z3040摇臂钻床的主运动是主轴的旋转运动，进给运动是主轴的上下运动，辅助运动是主轴箱沿着摇臂的水平移动，摇臂沿着外立柱通过丝杠带动的上下移动和摇臂与外立柱一起相对于内立柱的回转运动，主轴箱和摇臂的夹紧与放松（如图2-8所示）。

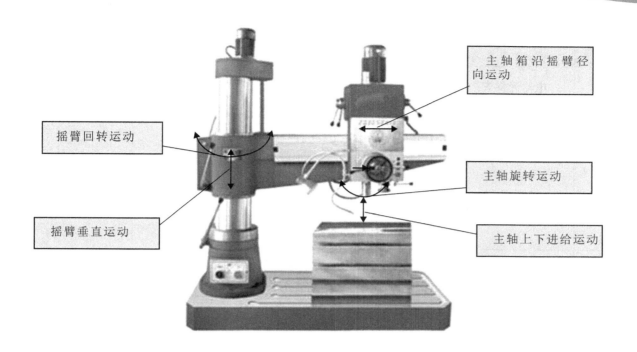

图2-8　Z3040摇臂钻床主要运动形式

制定工作计划和方案

我得先计划计划，看看怎么干啊！

计划的内容（详见表2-2）已经做了一部分，完成未填内容（工作时间）。

表2-2　工作计划表

Z3040摇臂钻床电气控制系统的安装与调试项目实施计划				
序　号	任务内容		工作时间/h	备　注
1	识读电气原理图	分析Z3040摇臂钻床工作原理		
2	确定项目实施工艺卡	（1）补全电器元件安装工艺卡内容		
		（2）补全电气线路接线工艺卡内容		
3	准备电器元件及工具	（1）根据元件清单准备电器元件		
		（2）根据工艺卡中工具要求准备相应工具		

续表

序　号	任务内容		工作时间/h	备　注
4	电器元件安装	根据电器元件布置图和电器元件安装工艺卡安装电器元件		
5	电气线路安装	根据电气线路接线图及电气线路接线工艺卡连接各电器元件		
6	通电前检查	（1）主电路部分检查		（主要检查有无短路或者断路）
		（2）控制线路部分检查		
		（3）其他辅助电路检查		
7	功能调试与验收	在接通电源的状态下检测机床各部分功能能否实现		
8	清理工作现场	（1）整理收集剩余耗材		
		（2）整理工具		
		（3）打扫工作现场卫生及设备卫生		
9	整理资料	（1）整理相关图纸并装订成册		
		（2）整理相关工艺卡并装订成册		
		（3）整理相关记录、表格并装订成册		
10	项目移交	（1）移交相关技术文件		
		（2）移交设备		

审批（签字）：　　　　　　　　　　制表（签字）：

实施过程

先让我看看它的电机是怎么控制的吧！

　　Z3040摇臂钻床电气原理图包括主电路、控制电路、照明及电源指示等辅助电路，如图2-9所示。

电源开关及保护	冷却泵电动机	主轴电动机	摇臂升降电动机	液压泵电动机	控制变压器	指示灯	照明灯

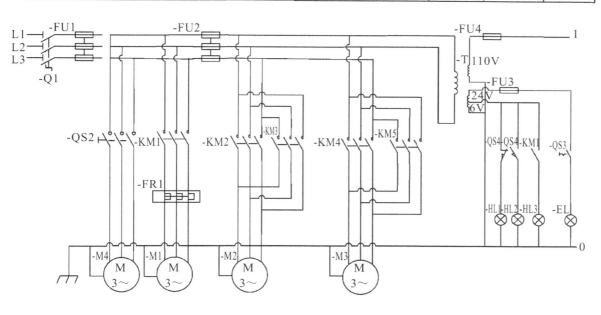

主轴电动机起动	摇臂上升	摇臂下降	主轴箱和立柱松开	主轴箱和立柱夹紧	电磁阀控制

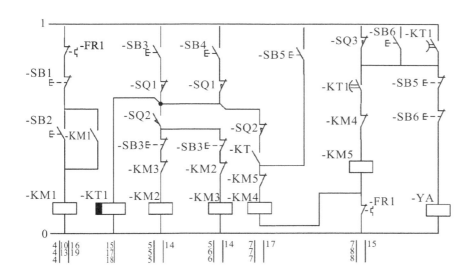

图2-9　Z3040摇臂钻床电气原理图

 这里有我不认识的电器元件啊！

小意思，看我的！

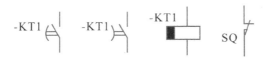

1.时间继电器

从获得输入信号(线圈的通电或断电)时起，经过一定的延时后才有信号输出(触点的闭合或断开)的电器，称为时间继电器（文字符号用KT表示），它是一种用来实现触点延时接通或断开的控制电器。按其动作原理与结构不同，可分为电磁式、空气阻尼式、电动式及晶体管式等类型。随着科学技术的发展，在现代机床中，时间继电器已逐步被可编程序器件所代替。下面我们主要来看看空气阻尼式时间继电器。

空气阻尼式时间继电器（如图2-10所示）是利用空气阻尼作用获得延时的，有通电延时和断电延时两种类型。

图2-10　空气阻尼式时间继电器

图2-11所示为JS7-A系列时间继电器的结构示意图，它主要由电磁系统、延时机构和工作触点三部分组成。

如图2-11 所示，当线圈1得电后衔铁(动铁芯)3吸合，活塞杆6在塔形弹簧8作用下带动活塞12及橡胶膜10向上移动，橡胶膜下方空气室的空气变得稀薄，形成负压，活塞杆只能缓慢移动，其移动速度由进气孔气隙大小来决定。经一段时间延时后，活塞杆通过杠杆7压动微动开关15，使其触点动作，起到通电延时作用。

将电磁机构翻转180°安装后，可得到图2-11（b）所示的断电延时型时间继电器。其结构、工作原理与通电延时型相似，微动开关15是在线圈断电后延时动作的。当衔铁吸合时推动活塞向下移动，排出空气。当衔铁释放时活塞杆在弹簧作用下使活塞缓慢复位，实现断电延时。

在线圈通电和断电时，微动开关16在推板5的作用下都能瞬时动作，其触点即为时间继电器的瞬动触点。

空气阻尼式时间继电器结构简单，价格低廉，延时范围为0.3～180 s；但是延时误差较大，难以精确整定延时时间，常用于延时精度要求不高的交流控制电路中。

根据通电延时和断电延时两种工作形式，空气阻尼式时间继电器的延时触点有延时断开动断触点、延时断开动合触点、延时闭合动断触点和延时闭合动合触点（如图2-12所示）。

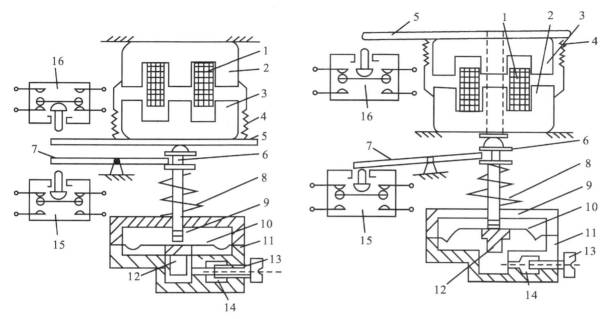

1—线圈；2—铁芯；3—衔铁；4—反力弹簧；5—推板；6—活塞杆；7—杠杆；8—塔形弹簧；9—弱弹簧；
10—橡胶模；11—空气室壁；12—活塞；13—调节螺杆；14—进气孔；15，16—微动开关

图2-11　JS7-A系列时间继电器结构示意图

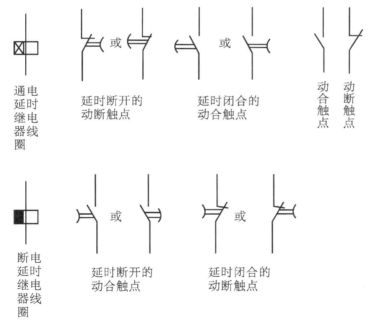

图 2-12　时间继电器的图形符号

2.行程开关

行程开关又称限位开关，是根据运动部件位置情况切换控制电路的电器元件，主要用来控制运动部件的运动方向、行程大小或进行位置保护（文字符号用SQ表示）。

行程开关的种类很多，按其工作原理可分为机械式和电子式；按运动形式可分为直动式、微动式和转动式等；按触点的性质又可分为有触点式和无触点式。

有触点的行程开关，通常为机械式行程开关，有按钮式（如图2-13（a））和滚轮式（如图2-13（b））两种。

（a）按钮式行程开关　　　　　　　（b）滚轮式行程开关

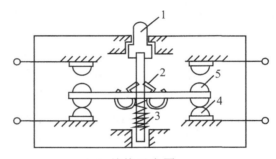

（c）结构示意图

1—触点；2—触点弹簧；3—弹簧；4—常闭触点；5—常开触点

图2-13　行程开关实物及结构示意图

如图2-13所示，行程开关的结构（见图2-13（c））、工作原理与按钮相同，区别是行程开关不靠手动而是利用运动部件上的挡块碰压使触点动作，它也分为自动复位式和自锁(非自动复位)式两种。机床上常用的行程开关型号有LX2、LX19、JLXK11型及LXW-11、JLXW1-11型(微动开关)等。型号含义如下：

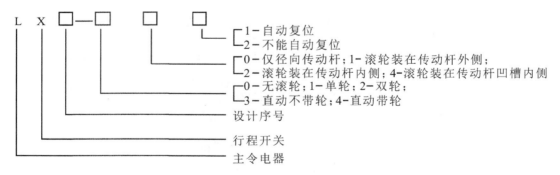

行程开关允许的操作频率通常为每小时1200～2400次，机电寿命约为$1×10^6～2×10^6$次。行程开关主要是根据机械位置对开关的要求及触点数目的要求来选择其型号的。在选择时应注意以下几点：

（1）应用场合及控制对象选择；

（2）根据安装环境选择防护形式，如开启式或保护式；

（3）控制回路的电压和电流；

（4）根据机械与行程开关的传力与位移关系来选择合适的头部形式。

行程开关的图形符号及文字符号如图2-14所示。

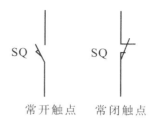

常开触点　　　常闭触点

图2-14　行程开关的图形符号及文字符号

借阅资料或者网络信息了解其他的时间继电器：

（1）电磁式时间继电器；

（2）晶体管式时间继电器；

（3）无触点的行程开关。

通过以上知识的学习，你是否掌握了那两个电器元件的小知识呢，还是让我们来总结一下吧！

（1）完成以下时间继电器图形符号。

①通电延时时间继电器（KT）　线圈＿＿＿＿＿＿＿＿＿＿＿＿＿＿

延时断开的动断触点＿＿＿＿＿＿＿＿＿

延时闭合的动合触点＿＿＿＿＿＿＿＿＿

②断电延时时间继电器（KT）　线圈＿＿＿＿＿＿＿＿＿＿＿＿＿＿

延时断开的动合触点＿＿＿＿＿＿＿＿＿

延时闭合的动断触点＿＿＿＿＿＿＿＿＿

（2）行程开关

①文字符号：＿＿＿＿＿＿＿＿　　　图形符号：＿＿＿＿＿＿＿＿

②行程开关分类：＿＿＿＿＿＿＿＿＿＿＿＿＿＿＿＿＿＿＿＿＿＿

③行程开关作用：＿＿＿＿＿＿＿＿＿＿＿＿＿＿＿＿＿＿＿＿＿＿

这下可以看看电动机怎么动了，哈哈！

掌握了我们没见过的电器元件时间继电器和行程开关的知识，现在就来开始一起分析摇臂钻床的控制原理（如图2-9所示）。

ZQ3040摇臂钻床主电路分析：主电路中有四台电机。

电动机M1 ——→ 单向运行（带动主轴旋转和使主轴作轴向进给运动，主轴的正反转用机械的方法来改变）

电动机M2 ——┬——→ 正向运行（摇臂上升）
　　　　　　 └——→ 反向运行（摇臂下降）

电动机M3 ——┬——→ 正向运行（摇臂夹紧）
　　　　　　 └——→ 反向运行（摇臂松开）

电动机M4 ——→ 单向运行（供给钻削时所需的冷却液）

ZQ3040摇臂钻床控制电路分析：

（1）主轴控制。电动机M1带动主轴旋转和使主轴作轴向进给运动。

合上QS变压器T供给
控制电路110V电源
　　┬——→ 按下SB2 ——→ KM1线圈得电（主轴运行）——→ 主轴指示灯HL3亮
　　└——→ 按下SB1 ——→ KM1线圈失电（主轴停止）——→ 主轴指示灯HL3灭

（2）摇臂控制。

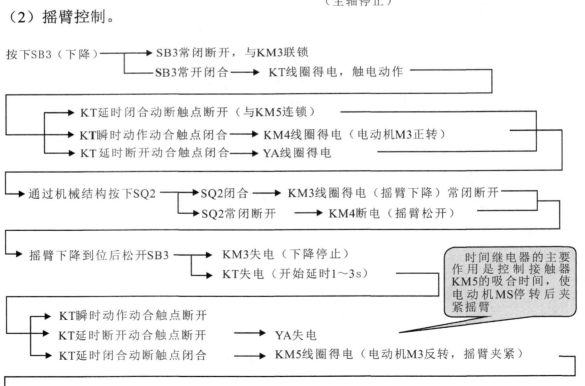

按下SB3（下降）——┬——→ SB3常闭断开，与KM3联锁
　　　　　　　　　 └——→ SB3常开闭合 ——→ KT线圈得电，触电动作

——┬——→ KT延时闭合动断触点断开（与KM5连锁）
　├——→ KT瞬时动作合触点闭合 ——→ KM4线圈得电（电动机M3正转）
　└——→ KT延时断开动合触点闭合 ——→ YA线圈得电

——┬——→ 通过机械结构按下SQ2 ——┬——→ SQ2闭合 ——→ KM3线圈得电（摇臂下降）常闭断开
　　　　　　　　　　　　　　　　 └——→ SQ2常闭断开 ——→ KM4断电（摇臂松开）

——┬——→ 摇臂下降到位后松开SB3 ——→ KM3失电（下降停止）
　　　　　　　　　　　　　　　　 └——→ KT失电（开始延时1～3s）

> 时间继电器的主要作用是控制接触器KM5的吸合时间，使电动机MS停转后夹紧摇臂

——┬——→ KT瞬时动作合触点断开
　├——→ KT延时断开动合触点断开 ——→ YA失电
　└——→ KT延时闭合动断触点闭合 ——→ KM5线圈得电（电动机M3反转，摇臂夹紧）

——→ 机械装置按下SQ3 ——→ KM5断开（电机M3停转）下降动作结束

摇臂通常夹紧在外立柱上，以免升降丝杠承受负载，因此摇臂升降前必须先松开，然后再上升或者下降，升降到预定位置后自动夹紧。摇臂处于夹紧状态时，行程开关SQ3处于压合状态，SQ2处于释放状态；而摇臂松开后，行程开关SQ2处于压合状态，SQ3处于释放状态。Z3040型摇臂钻床的升降是由摇臂升降电动机M2、摇臂夹紧机构和液压系统协调配合，自动完成摇臂松开——→摇臂上升（下降）——→摇臂夹紧的控制过程。

 注意了啊，睁大眼睛看哦！

　　摇臂的自动夹紧是由限位开关SQ3来控制的。

　　当摇臂夹紧时，限位开关SQ3处于受压状态，SQ3的动断触头是断开的，接触器KM5线圈处于断电状态。

　　当摇臂在松开过程中，限位开关SQ3就不受压，SQ3的动断触头处于闭合状态。

（3）立柱、立柱箱的松开和夹紧。

立柱、立柱箱的松开和夹紧是同时进行的。

按下松开按钮SB5——→KM4线圈得电(电动机M3正转,指示灯HL1亮)

按下松开按钮SB6——→KM5线圈得电(电动机M3反转,指示灯HL2亮)

（4）冷却泵和照明灯。

按下QS2——→冷却泵电动机M4运行(提供冷却液)

按下QS3——→照明灯EL亮

 了解了ZQ3040摇臂钻床的工作原理，下来就是我们大展身手的时候了。

 想一想！做一做！

　　上面的控制电路分析过程，只分析了摇臂下降的控制过程，依照摇臂下降的分析过程来分析摇臂上升的控制过程。

 做一做！

　　还是先来参考"任务一"的工作过程来理一理我们的工作流程吧！

　　我们本次的工作流程应该是：

　　1. 元器件布局

2. 标记安装孔 _____

3. _____

4. _____

5. _____

6. _____

7. _____

8. _____

9. _____

编制工艺文件的原则

1. 编制工艺文件的原则

在现有的生产条件下，生产方以最快的速度、最少的劳动量、最低的生产费用，安全可靠地生产出符合用户要求的产品。因此，在编制工艺文件时，应注意以下三方面的问题：

（1）技术上的先进性。在编制工艺文件时，应从本企业的实际条件出发，参照国际、国内同行业的先进技术，充分利用现有生产条件，尽量采用先进的工艺方法和工艺设备。

（2）经济上的合理性。在现有的生产条件下，可以制订出多种工艺方案，这时应全面考虑，根据价值工程的原理，通过经济核算、对比，选择经济上最合理的方案。

（3）劳动条件上的优越性。在现有的生产条件下，应尽量采用机械化和自动化的操作方法，减轻操作者的繁重体力劳动。同时，要格外注意工艺过程中应有可靠的安全措施，为操作者创造安全的劳动条件。

2. 电气安装工艺卡内容

一般电气安装工艺卡内容包括：主要电器元件的检查以及应达到的质量标准；电器元件的安装程序及应达到的技术要求；需要的仪器、仪表和专用工具应另行注明；施工中需要特别说明的事项及施工中的安全措施。

来吧，将总结的工艺流程填入到下面的工艺卡中（见表2-3和表2-4），完善我们的工艺卡以方便以后使用。

表2-3　电气装配工艺卡

×××××××××工艺文件			产品型号	Z3040
			产品名称	摇臂钻床
电气装配工艺过程卡片	第　页	共　页	图　　号	DZ2-01
			部件图号	电器元件安装

工序号	工序名称	工序内容	工艺要求	
1	元器件布局	布局电器元件	（1）熔断器的电源进线端（下接线座）向上； （2）各元件的位置应按电器元件布局图摆放整齐、均匀，间距合理，便于元件的更换； （3）线槽搭接处应成45°斜角	
		布局线槽		
2	标记安装孔	给每个电器元件的安装孔位做好标记	（1）按电器元件安装孔标记； （2）使用记号笔或样冲做标记	
3	制作安装孔	打孔	（1）按标记用∅3.2钻头打孔、用M4丝锥攻丝； （2）攻丝时注意区分头锥和二锥	
		攻丝		
4	元器件安装			

工具	锯弓、钢板尺、榔头、样冲、手电钻、丝锥扳手、螺丝刀		岗　位	装配
辅助材料	锯条、记号笔、∅3.2钻头、M4丝锥、M4螺丝、带胶标签		工　时	
			设　计	描　图
			审　核	描　校
			批　准	底图号
标记	处　数	更改文件号	签　字	日　期	标准化		装订号	

表2-4　电气装配工艺卡

×××××××××工艺文件				产品型号		Z3040
				产品名称		摇臂钻床
电气装配工艺卡片		第　页	共　页	图　号		DZ2-02
				名　称		电气线路安装

工序号	工序名称	工序内容	工艺要求
1	连接Q1	将组合开关的进线端与接线端子相连	（1）连线时应注意导线的颜色、线径； （2）颜色一般为：动力线用黑色、交流用红色，零线用白色，接地线用黄绿色； （3）动力线的线径按电动机额定电流选择，参照接线图中标注的线径连接即可； （4）控制线的线径根据控制电路的额定电流选择，参照接线图中标注的线径连接即可； （5）剥线长度：5~7 mm； （6）导线要先套已编制线号的异型管，再压接U型冷压端子； （7）电器元件的接线柱螺丝应拧紧，防止导线脱落； （8）线槽外的导线要用绕线管防护，在电气线路沿线粘贴吸盘，把导线用扎带捆扎在吸盘上； （9）电机外壳、变压器等电器元件应可靠连接到接地端子排上； （10）做好安装过程记录
2	连接FU1	将Q1的出线端与FU1连接	
3	连接QS2	将FU1的出线端与QS2连接	
4			

工　具	剥线钳、冷压钳、螺丝刀		岗　位	装配
辅助材料	记号笔、异型管、冷压端子、绝缘胶布、绕线管、吸盘、扎带、带胶标签		工　时	
		设　计	描　图	
		审　核	描　校	
		批　准	底图号	
标　记	处　数	更改文件号	签　字	日　期	标准化	装订号

1 元器件准备与安装

1.领取电器元件

根据Z3040摇臂钻床电气原理图（见图2-9）可以列出的电器元件明细表，详见表2-5。

表2-5 电器元件明细表

代 号	名 称	规格及型号	数 量	用 途
QS	组合开关		1	接通与断开电源
FU	熔断器		8	短路保护
FR	热继电器		2	过载保护
T	变压器		1	给控制电路提供电源
KM	交流接触器		5	通断电流，控制电机
KA	电磁阀		1	控制油路换向
KT	时间继电器		1	控制接触器KM5的吸合时间
SQ	行程开关		4	限定机床运动部件位置及信号灯
SB	按钮		6	
EL	照明灯		1	
HL	信号灯		3	

2.检测电器元件质量

使用万用表检测各元器件质量情况。

3.安装电器元件

（1）识读元件安装布置图（如图2-15和图2-16所示）。

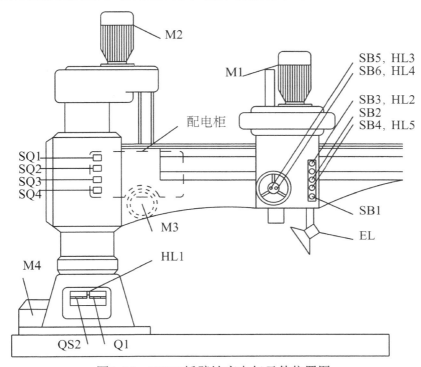

图2-15 Z3040摇臂钻床电气元件位置图

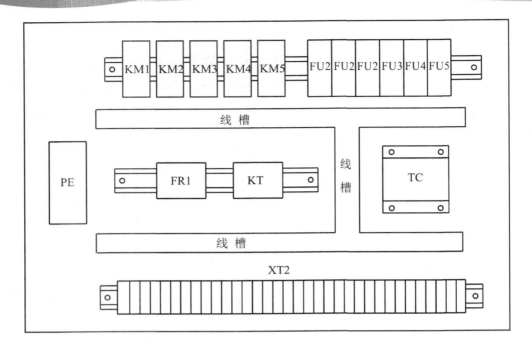

图2-16　Z3040摇臂钻床电气盘布置图

（2）安装电器元件。按照配电盘工艺卡安装流程完成Z3040摇臂钻床电器元件的安装，工艺卡见表2-3。

2　安装电气控制线路

1.准备材料

根据Z3040摇臂钻床电气原理图（如图2-9所示）可以列出材料明细表，详见表2-6。

表2-6　材料明细表

序　号	名称及用途	型号及规格	数　量
1	主轴电动机动力线	黑色、BVR-2.5 mm^2	
2	冷却泵电动机动力线	黑色、BVR-1.5 mm^2	
3	摇臂夹紧电动机动力线	黑色、BVR-0.75 mm^2	
4	控制电路导线	红色、BVR-0.75 mm^2 白色、BVR-0.75 mm^2	
5	接地线	黄绿色、BVR-2.5 mm^2 黄绿色、BVR-0.75 mm^2	
6	冷压端子	UT2.5-3、UT1.5-3、UT1-3	
7	异型管	$\varnothing$2.5 mm^2、$\varnothing$1.0 mm^2	

续表

序　号	名称及用途	型号及规格	数　量
8	线槽	25×25 mm	
9	绝缘胶布		
10	绕线管	∅10 mm^2	
11	吸盘	带胶、20×20 mm	
12	扎带	3×150 mm	

2.安装电气控制线路

（1）识读电气接线图。Z3040摇臂钻床电气接线图见图2-17。

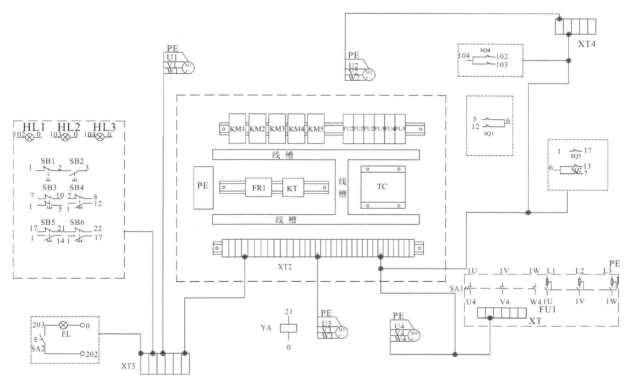

图2-17　Z3040摇臂钻床电气接线图

（2）安装电气控制线路。按照图2-17所示接线图进行导线布线，并套上已编制线号的异型管。按表2-4所示安装工艺流程，完成Z3040摇臂钻床电气控制线路的安装。

3 通电前的电气控制线路检查

为了确保机床正常工作，当机床在第一次安装调试或者是在机床搬运后第一次通电运行之前都要进行检查，机床通电前检查的内容、方法与要求见表2-7。

表2-7 设备通电前电气安装检查记录表

设备名称			设备型号		检查时间	
内容		序号	检查项目			检查人
安装工艺检查	元件安装工艺规范	1	元器件安装整齐并且牢固可靠	□		
		2	按钮、信号灯颜色正确	□		
		3	元器件接线端子、接点等带电裸露点之间间隔或与外壳、接点之间间隔符合要求	□		
		4	各元器件符号贴标位置正确	□		
	线路安装工艺规范	5	导线选择是否正确： 颜色 □ 规格 □ 材质 □ 类型 □			
		6	导线连接工艺是否合格： 压接牢靠 □ 漏铜 □ 导线入槽 □ 毛刺 □ 冷压端子 □ 线号 □ 端子线数 □ 接头 □			
		7	穿线困难的管道，是否增添备用线	□		
		8	铺设导线，无穿线管采用尼龙扎带扎接	□		
		9	保护接地检查	□		
线路检查	短路检查	10	主电路相线间短路检查	□		
		11	交流控制电路相线间短路检查	□		
		12	相线与地线间短路检查	□		
	断路检查	13	主轴电机主电路检查	□		
		14	冷却泵电机主电路检查	□		
		15	摇臂夹紧电机主电路检查	□		
		16	电源指示电路检查	□		
		17	照明电路检查	□		
	绝缘检查	18	主电路绝缘电阻大于1 MΩ	□		
		19	控制电路绝缘电阻大于1 MΩ	□		

说明：

（1）本表适用于设备通电前检查记录时使用。

（2）表中检查项目结束且正常项在对应"□"划"√"；未检查项不做标记，待下一步继续检查；非正常项在对应"□"划"×"

项目检查与验收

机床电气控制线路安装完成后，通电调试与功能验收按表2-8中各项进行。

表2-8　设备通电调试验收记录表

设备名称			设备型号		检查时间	
内　容	序号		检查项目			检查人
通电前准备	1		"设备通电前电气安装检查记录表"中所有项目已检查			
	2		所有电动机轴端与机床机械部件已分离			
	3		所有开关、熔断器都处于断开状态			
	4		检查所有熔断器、热继电器电流调定符合设计要求			
	5		连接设备电源后检查电压值应在380 V±10%范围内			
项　目		序号	操作内容	检查内容		检查结果
功能验收	试车准备	1	合上总电源开关Q1	配电箱中是否有气味异常，若有应立即断电		
	主轴功能验收	2	按下SB2	主轴电动机转向是否正确		
		3	按下SB1	主轴电动机是否停止运行		
		4	连接传动机构	主轴电动机与传动装置连接是否牢固		
		5	按下SB2	主轴电动机是否运转		
		6	向右转动主轴手柄	主轴是否反转		
		7	手柄置于中间位置	主轴是否停转		
		8	向左转动主轴手柄	主轴是否正转		
		9	按下SB1	主轴电动机是否停止运行		
	冷却功能验收	10	旋转QS2至冷却泵开	冷却泵电动机运行是否正常		
		11	旋转QS2至冷却泵关	冷却泵电动机是否停止运行		
	摇臂功能验收	12	按下SB3	摇臂升降电动机转向是否正确		
		13	松开SB3	摇臂升降电动机是否停止运行		
		14	按下SB4	摇臂升降电动机转向是否正确		

续表

项　目		序号	操作内容	检查内容	检查结果
功能验收	摇臂功能验收	15	松开SB4	摇臂升降电动机是否停止运行	
		16	连接传动机构	电动机与传动装置连接是否牢固	
		17	按下SB3	摇臂升降电动机转向是否正确	
		18	松开SB3	摇臂升降电动机是否停止运行	
		19	按下SB4	摇臂升降电动机转向是否正确	
		20	松开SB4	摇臂升降电动机是否停止运行	
	摇臂夹紧松开功能验收	21	按下SB5	主轴箱和摇臂是否夹紧	
		22	按下SB6	主轴箱和摇臂是否松开	
	辅助功能验收	23	旋转QS3至照明开	照明灯是否点亮	
		24	旋转QS3至照明关	照明灯是否熄灭	
操作人（签字）：　　　　　　　　　　　年　　月　　日				检查人（签字）：　　　　　　　　　　　年　　月　　日	

项目移交

我来交工了！

让我检查一下设备移交单（见表2-9），合格就给你签字！

表2-9　设备移交单

设备名称			设备型号		
一、主机及装在主机上的附件					
序　号	名　称		规　格	数　量	备　注
1	摇臂钻床			1台	
2	配电盘			1套	
3	冷却装置			1套	
4	照明装置			1套	

续表

二、技术文件				
序　号	名　　称	规　格	数　量	备　注
1	电气原理图		1张	
2	电器元件布置图		2张	
3	电气接线图		1张	
4	电气控制线路安装工艺卡		1套	
5	电器元件明细表		1张	
6	工具清单		1张	
7	材料明细表		1张	
8	设备通电前电气安装检查记录表		1张	
9	设备通电调试验收记录表		1张	
10	派工单		1张	
操作人（签字）：　　　　　　年　　　月　　　日		派工人（签字）：　　　　　　年　　　月　　　日		接收人（签字）：　　　　　　年　　　月　　　日

工作小结

任务刚刚结束，赶紧做个小结吧！

 小·提示
主要对工作过程中学到的知识、技能等进行总结！

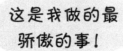 这是我做的最骄傲的事！

 这是我该反思的内容！

这是我要持续
改进的内容！

项目2 Z5163立式钻床主轴不能快速移动的故障诊断与排除

 任务描述

先来了解一下任务吧！

某厂生产车间有一台Z5163立式钻床在启动后发现主轴快速移动电机不能转动，操作者立即将此情况上报设备维修组，由于工期比较紧维修班长立即下发维修任务单给维修人员，要求维修人员尽快进行维修，以免耽搁工期，工作过程需按"6S"现场管理标准进行。维修申报表（见表2-10）如下：

表2-10　机加车间设备故障（事故）维修申报书

操作人填写	设备编号	设备名称	设备型号	操作人姓名	班组组长
	XD204204	钻床	Z5163		
	故障（事故）申报时间：＿＿＿＿年＿＿＿＿月＿＿＿日				
	故障（事故）现象（故障详细信息）： 　　Z5163立式钻床，将开关SA1-1和SA1-2扳到自动循环位置，SA2-2合上，SA2-1扳到钻孔位置，按下SB2后主轴快速移动电机不转，没有任何反应。				
	维修方案实施情况及结果： 　　　　　　　　　　　　　　　　　　　　　　维修人（签字）：				

续表

<table>
<tr><td rowspan="3">维修人员填写</td><td colspan="2">维修性质：
□设计不良　□制造不良　　□维修不良　□操作不当　□保养不良
□超负荷　　□电器元件不良　□安装不良　□零件不良　□零件老化
□润滑不良　□精度不够　　　□原因不明　□其他</td></tr>
<tr><td colspan="2">维修需更换部件明细（技术参数说明）、费用：（可附清单）</td></tr>
<tr><td>□　故障已排除
□　故障未排除</td><td>未修复原因：</td></tr>
<tr><td rowspan="3">设备员填写</td><td colspan="2">外购件筹备情况（货到情况和日期）：</td></tr>
<tr><td colspan="2">事故设备"四不放过"实施和对操作人实施教育：

设备员（签字）：</td></tr>
<tr><td colspan="2">□ 通知生产及相关人员　　□ 上报车间　　□ 上报主管部门</td></tr>
<tr><td colspan="3">修复日期：_____年_____月_____日</td></tr>
<tr><td>操作人（签字）：</td><td>维修人（签字）：</td><td>班组组长（签字）：</td></tr>
</table>

背景知识储备

第一次见立式钻床，还是先看看基本资料吧！

立式钻床适用于中、小型零件的单件和小批生产，根据主轴数，可分为单轴和多轴立式钻床。该机床共有三台电机，即主轴电动机M1、主轴快速移动电动机M2及冷却泵电动机M3。立式钻床可用于手动操作钻孔和攻螺纹，配上机械挡铁后，还可实现半自动循环钻孔和攻螺纹。

1.Z5163立式钻床型号的含义

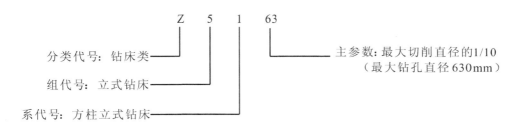

Z 5 1 63

分类代号：钻床类
组代号：立式钻床
系代号：方柱立式钻床
主参数：最大切削直径的1/10
（最大钻孔直径630mm）

2.Z5163立式钻床的结构

立式钻床主要由床身、主轴、变速箱、立柱、底座等部件组成。图2-18是Z5163立式钻床外观结构图。

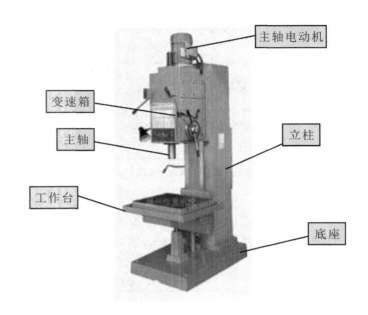

图2-18　Z5163型立式钻床外观结构图

3.Z5163立式钻床的运动特点

Z5163立式钻床可用来手动操作钻孔和攻螺纹，配上机械挡铁后，还可实现半自动循环钻孔和攻螺纹。Z5163立式钻床主运动是主轴电机带动主轴箱使主轴做回转运动，辅助运动是主轴快速的上升和下降移动。主轴在停止时采用能耗制动，可以使主轴在很短的时间内停止下来。

制定维修计划和方案

分析完控制原理了，那是不是要先做个维修计划啊？

当然！做事情是要按流程和步骤的嘛（见表2-11）！

表2-11 工作计划表

序 号	工作阶段	工作内容	工作时间/h	备 注
	Z5163立式钻床主轴不能快速移动的故障诊断与维修 项目实施计划			
1	分析故障原因	通过分析Z5163立式钻床电气控制原理，列出可能引起主轴不转故障的所有故障点		
2	故障排查	对各故障点进行逐一排查，确认故障点后排出故障		
		记录排查过程		
3	设备验收	与机床操作者一同完成故障验收		
4	清理工作现场	整理工具		
		打扫工作现场卫生、设备卫生		
5	资料整理	整理相关图纸		
		整理维修记录		
6	项目移交	完成设备、资料交接		
审批（签字）：		制表（签字）：		

实施过程

1 电磁离合器

先来学习一下不认识的元器件吧！——电磁离合器

1.电磁离合器的分类

电磁离合器靠线圈的通断电来控制离合器的接合与分离。一般采用24 V作为供电电源。电磁离合器可分为干式单片电磁离合器、干式多片电磁离合器、湿式多片电磁离合器、磁粉离合器、转差式电磁离合器等。电磁离合器工作方式又可分为通电结合和断电结合电磁离合器。

2.电磁离合器的特点

（1）高速响应：因为是干式类，所以扭力的传达很快，可以达到便捷的动作。

（2）耐久性强：散热情况良好，而且使用了高级的材料，即使是高频率，高能量的使用，也十分耐用.

（3）组装维护容易：因为属于滚珠轴承内藏的磁场线圈静止形，所以不需要将中蕊取出也不必利用碳刷，使用简单。

（4）动作确实：使用板状弹片，虽有强烈震动亦不会产生松动，耐久性佳。

3.电磁离合器的工作原理

电磁离合器的结构图和电气符号分别如图2-19、图2-20所示。

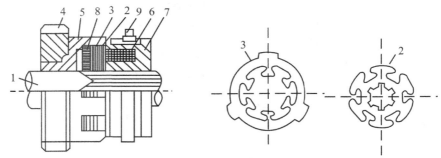

1—主轴；2—主动摩擦片；3—从动摩擦片；4—从动齿轮；
5—套筒；6—线圈；7—铁芯；8—衔铁；9—滑环

图2-19　电磁离合器结构图

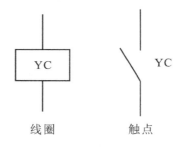

图2-20　电磁离合器电气符号

主动轴1的花键轴端，装有主动摩擦片2，它可以沿轴向自由移动，因系花键连接，将随主动轴一起转动。从动摩擦片3与主动摩擦片交替装叠，其外圆凸起部分卡在与从动齿轮4固定在一起的套筒5内，因而从动摩擦片可以随同从动齿轮，在主动轴转动时它可以不转。当线圈6通电后，将摩擦片吸向铁芯7，衔铁8也被吸住，紧紧压住各摩擦片。依靠主、从动摩擦片之间的摩擦力，从动齿轮随主动轴转动。线圈断电时，装在内外摩擦片之间的圈状弹簧使衔铁和摩擦片复原，离合器即失去传递力矩的作用。线圈一端通过电刷和滑环9输入直流电，另一端可接地。

4.电磁离合器的作用

电磁离合器是一种自动化执行元件，它利用电磁力的作用来传递或中止机械传动中的扭矩。

5.复习整流桥的相关知识

练一练！

通过以上知识的学习和复习，你是否懂得以下小知识呢？一起来总结一下吧！

（1）电磁离合器。

符号：_____

作用：_____

工作原理：_____

（2）整流桥。

符号：_____

作用：_____

原理：_____

2 Z5163控制原理分析

1.主电路分析

主电路中有三台电动机。

M1为主轴电动机，可带动主轴作正反转，主轴的转速有12级，主要依靠机械变速；

M2为主轴快速移动电动机，能带动主轴作快速上、下移动；

M3为冷却泵电动机，主要为加工时提供冷却液。

2.控制电路分析

1）手动操作钻孔和攻螺纹

（1）操作准备。将组合开关SA1-1和SA1-2扳到手动位置（虚线位置），手动操作指示灯HL1亮。组合开关SA2-1、SA2-2及SA2-3可根据需要选择，SA4扳至断开工作台进刀位置。

（2）主轴正转。按下SB3按钮，电源经停止按钮SB1——→组合开关SA1-1（虚线位置）——→按钮SB3——→时间继电器KT3的动断触头——→接触器KM2动断触头——→接触器KM1线圈——→热继电器FR1的动断触头回到电源。

接触器KM1线圈获电吸合，主触头闭合，主轴电动机M1正转。

（3）主轴反转。按下按钮SB5，电源经停止按钮SB1——→组合开关SA1-1（虚线位置）——→按钮SB5——→接触器KM1动断触头——→接触器KM2线圈——→热继电器FR1的动断触头回到电源。

接触器KM2线圈获电吸合，主触头闭合，主轴电动机M1反转。

来看看他是如何让工作的吧（如图2-21所示）！

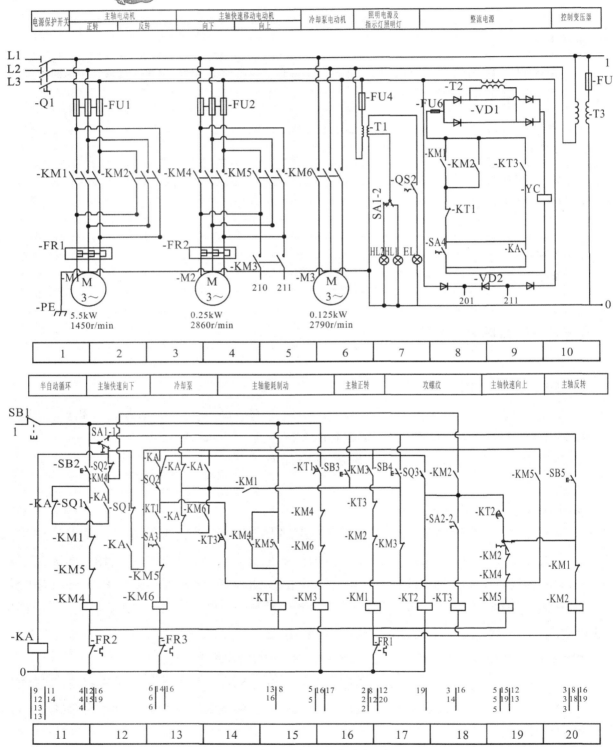

图2-21　Z5136立式钻床电气原理图

（4）主轴快速向上移动。按下总停按钮SB1，主轴电动机M1停转，再按主轴快速上移按钮SB4，电源经停止按钮SB1——→组合开关SA1-1（虚线位置）——→按钮SB4——→制动接触器KM3动断触头——→接触器KM2动断触头——→接触器KM4动断触头——→接触器KM5线圈——→热继电器FR2的动断触头回到电源。

接触器KM5线圈获电吸合，KM5主触头闭合，主轴快速移动电动机M2反转，主轴快速向上移动。

（5）主轴快速向下移动。按下总停按钮SB1，主轴电动机M1停转，再按主轴快速下移按钮SB2，接触器KM4吸合，电动机M2正转，主轴向下快速移动。

2）钻孔半自动循环

（1）操作准备。将开关SA1-1和SA1-2扳到半自动位置（实线位置）。半自动循环指示灯HL2亮，SA2-2合上，并将SA2-1指向钻孔位置（实线位置），SA4可任意位置，根据工件加工工艺要求，调整行程开关的三块挡铁，SA3根据钻孔时是否需要冷却液来选择。这时中间继电器KA接通，为半自动循环做好准备。

（2）开车。按下按钮SB2，旋转手柄使行程开关SQ1被挡铁压下，接触器KM4线圈获电吸合，KM4动合触头闭合，快速移动电动机M2正转，带动主轴快速向下移动。此时，挡铁已离开SQ1，使SQ1复位；同时时间继电器KT1线圈获电吸合，为电动机M2停车制动做好准备。在主轴快速向下移动的过程中，进给刻度盘上的第二块挡铁压下行程开关SQ2，使接触器KM4线圈失电，KM4动合触点断开，时间继电器KT1线圈断电，因KT1的动合触头是延时断开的，这时KM4的动断触头接通接触器KM3线圈电路，KM3吸合，主轴快速移动电动机M2进行能耗制动而迅速停转。经过一定时间，KT1动合触头延时断开。

由于接触器KM3的动合触头闭合，使接触器KM1线圈获电吸合，由于KT1动合触头延时断开，使KM3线圈断电，制动结束，而KM1的线圈通电后，KM1主触头闭合，主轴电动机M1启动正转，另一个KM1的动合触头闭合，电磁离合器YC线圈获电，工作台进给。在行程开关SQ2被压下的同时，接触器KM6线圈获电吸合，冷却泵电动机M3运转来提供冷却液，主轴开始钻孔。

当钻孔到预定深度时，进给刻度盘上的第三块挡铁压下行程开关SQ3，接通时间继电器KT2线圈，KT2的动合触头延时闭合，接触器KM5线圈获电吸合，其主电路中的动合触头闭合，使快速移动电动机带动主轴快速上移。同时KM5的动合触头闭合，时间继电器KT1线圈又一次获电吸合，为制动作准备，并将电磁离合器YC线圈电源断开，待挡铁压下行程开关SQ1时，使接触器KM1和接触器KM5线圈断电释放，电动机M1和M2断电，同时KM5的动断触头闭合，使接触器KM3线圈获电吸合，其主触头闭合，电动机M2进行能耗制动。

3）攻螺纹半自动循环

（1）操作准备。把开关SA1-1和SA1-2扳到自动位置（实线位置），SA2-2合上，SA2-1搬到攻螺纹位置（虚线位置），SA3可根据需要冷却液与否选择。SA4可根据加工工艺要求选择位置。主轴的转速选择至适当位置。

（2）攻螺纹。攻螺纹的电气操作以及电器工作情况，在挡铁压下SQ3前与钻孔半自动循环时相同。在挡铁压下SQ3后，时间继电器KT2和KT3的线圈获电，KT2的动合触头延时闭合，使接触器KM2线圈获电吸合，KM2主触头闭合，电动机M1反转。KT3为攻螺纹结束后主轴快速向上移动做好准备。在螺纹锥退出工件后，挡铁再次压下行程开关SQ2，断开KM2线圈电路，KM2动断触头恢复闭合，使接触器KM5线圈获电吸合，其通路为：

电源1 ——→ SB1 ——→ SBS1-1（实线位置）——→ SQ1动断触头 ——→ KA动合触头 ——→

——→ SQ2动合触头 ——→ KT3延时断开动合触头 ——→ KM2动断触头 ——→ KM4动断触头 ——→

——→ KM5线圈 ——→ FR2动断触头 ——→ 电源0

KM5线圈获电吸合后，电动机M2带动主轴快速向上移动，并带动手柄旋转，待挡铁再次压下SQ1时，电动机M2断电并制动，攻螺纹半自动循环结束。

实施过程

让我们抓紧时间工作吧！

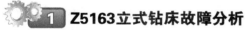

1 Z5163立式钻床故障分析

机床出现的故障现象是快速移动电机不能运行，所以我们只针对快速移动的控制电路和主电路进行分析，将有可能出现故障的地方填入下表：

表2-12 故障原因分析表

故障现象：主轴快速移动电机无法运转				
故障原因			故障元器件	故障线路
主电路	电源缺相	供电电源缺相	Q1	L1\L2\L3
		机床内电源缺相	FU2	
			FU3	
			KM4/KM5	
			FR2	
	电动机故障		M2	

续表

故障原因		故障元器件	故障线路
控制电路	控制电路断路	T3	
		FU	
		SB1	
		SB2	
		SQ1	
		KM1常闭触点	
		KM5常闭触点	
		FR2触点	
		零线	

有了以上的分析结果，下面我们就一个一个地来排查吧！

2 确定故障范围并排查故障

仅对主轴电动机控制原理进行分析，无法判断具体故障点的位置，为此，需要通过现场操作机床观察机床状态，向操作者了解出现故障时的情况来确定故障范围。表2-13是经过现场操作机床获取的故障信息。

表2-13　故障信息调查表

步骤	操作项目	机床状态（现象）	故障范围	需检查部位
1	合上电源开关Q1 按下QS2	电源指示灯HL1不亮	主回路	需检查电源输入及元件Q1和T1、FU3、FU4、SA1-2是否正常
2	按下主轴上升按钮SB4	主轴不动	（主回路分析）	
			（控制回路分析）	
3	按下主轴下降按钮SB2	主轴不动		

按照以上方式进行逐一检查，缩小故障范围进而排除故障。

知 识 链 接

故障检测方法----电阻法

1.分阶测量法

电阻的分阶测量法如图2-22（a）所示，数据见表2-14。

按下起动按钮SB2，接触器KM1不吸合，该电气回路有断路故障。

表2-14　分阶段测量法判别故障原因

故障现象	测试状态	1—2	2—3	3—4	4—5	5—6	6—7	故障原因
按下SB2KM1不吸合	按下SB2不放	无穷大	0	0	0	0	0	FR动断（常闭）触头断路或导线断路
		0	无穷大	0	0	0	0	SB1动断（常闭）触头断路或导线断路
		0	0	无穷大	0	0	0	SB2动合（常开）触头断路或导线断路
		0	0	0	无穷大	0	0	KM2动断（常闭）触头断路或导线断路
		0	0	0	0	无穷大	0	SQ动断（常闭）触头断路或导线断路
		0	0	0	0	0	无穷大	KM1线圈断路

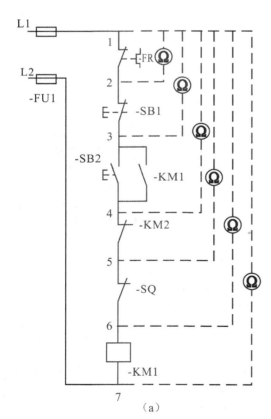

（a）

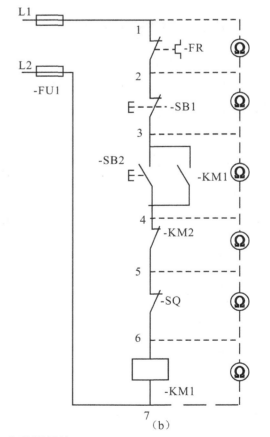

（b）

图2-22　电阻的分阶、分段测量法

用万用表的电阻挡检测前应先断开电源，然后按下SB2不放，先测量1—7两点间的电阻，如果电阻值为无穷大，说明1—7之间的电路断路。然后分阶测量1—2、1—3、1—4、1—5、1—6各点间电阻值。若电路正常，则该两点间的电阻值为"0"；当测量到某标号间的电阻值为无穷大时，说明表棒刚跨过的触头或链接导线断路。

2．分段测量法

电阻的分段测量法如图2-22（b）所示。

检查时，先切断电源，按下启动按钮SB2，然后依次逐段测量相邻两标号点1—2、2—3、3—4、4—5、5—6间的电阻。如测得某两点的电阻为无穷大，说明这两点间的触头或链接导线断路。

例如当测得2、3两点间的电阻为无穷大时，说明停止按钮SB1或链接SB1的导线断路。

电阻测量法的优点是安全，缺点是测得的电阻值不准确时，容易造成判断错误。为此应注意以下几点：

（1）用电阻测量法检查故障时一定要断开电源。

（2）如被测的电路与其他电路并联时，必须将该电路与其他电路断开，否则所测得的电阻值不准确。

（3）测量高电阻值的电器元件时，把万用表的选择开关旋转至适合电阻挡。

3 填写故障维修记录单

故障维修记录单（见表2-15）是记录维修人员在维修过程中的资料，通过维修记录单可以体现设备故障的频率，以及维修人员的维修过程。是很好的设备管理和维修人员的学习资料，所以在填写时需根据现场维修情况如实填写。

表2-15　机加车间设备故障维修记录单

维修单号：20120077

设备编号	设备名称	设备型号	维修人	维修时间
XD204204	钻床	Z5163		
设备故障详情： 　　故障现象：主轴快速移动电机无法运转。 　　经与操作人员沟通：该故障出现时，为当天第一次开机后。				
故障排除情况：				

	序号	配件名称	规格	价格	备注
维修更换配件	1				
	2				
	3				
	4				

注：维修人员从维修部门主管领导处领取本记录单，由维修人员按维修实际情况填写，维修结束后将记录单交维修部门主管领导留存。

项目检查与验收

机床设备经过故障维修后，验收是很关键的一步，通电调试与功能验收，应按调试与验收工艺卡进行，详见表2-16。

表2-16　设备通电调试验收记录表

设备名称		立式钻床		设备型号		
项目		序号	操作内容	检查内容		检查结果
功能验收	试车准备	1	合上总电源开关	配电箱中是否有气味异常，若有应立即断电		
		2	将组合开关SA1-1和SA1-2扳到手动位置（虚线位置）	手动操作指示灯HL1亮		
	主轴功能验收	3	按下SB3	主轴电动机是否正转		
		4	按下SB1	主轴电动机是否停止运行		
		5	按下SB5	主轴电动机是否反转		
	主轴快速移动功能验收	6	按下SB2	主轴是否快速下移		
		7	按下SB4	主轴是否快速上移		
	冷却功能验收	8	旋转SA3至冷却泵开	冷却泵电动机运行是否正常		
		9	旋转SA3至冷却泵关	冷却泵电动机是否停止运行		

续表

项　目		序号	操作内容	检查内容	检查结果
功能验收	辅助功能验收	10	旋转SA2至照明开	照明灯是否点亮	
		11	旋转SA2至照明关	照明灯是否熄灭	
自动功能验收	钻孔半自动循环	12	将开关SA1-1和SA1-2扳到半自动位置（实线位置）。半自动循环指示灯HL2亮，SA2-2合上，并将SA2-1指向钻孔位置（实线位置），按下SB2	钻孔半自动循环是否实现	
	攻螺纹半自动循环	13	把开关SA1-1和SA1-2扳到自动位置（实线位置），SA2-2合上，SA2-1搬到攻螺纹位置（虚线位置），按下SB2	攻螺纹半自动循环是否实现	
操作人（签字）：　　　年　　月　　日				检查人（签字）：　　　年　　月　　日	

项目移交

　　维修任务完成后，需填写"机加车间设备故障（事故）维修报告书（见表2-17）"，由设备员整理归档。

我来交工了！

让我检查一下，合格就给你签字！

表2-17 机加车间设备故障（事故）维修申报书

	设备编号	设备名称	设备型号	操作人姓名	班组组长
操作人填写					
	故障（事故）申报时间：_____年_____月_____日				
	故障（事故）现象（故障详细信息）：				
维修人员填写	维修方案实施情况及结果： 维修人（签字）：				
	维修性质： □设计不良　□制造不良　　□维修不良　□操作不当　□保养不良 □超负荷　　□电器元件不良　□安装不良　□零件不良　□零件老化 □润滑不良　□精度不够　　□原因不明　□其他_____				
	维修需更换部件明细（技术参数说明）、费用：（可附清单）				
	□ 故障已排除 □ 故障未排除	未修复原因：			
设备员填表	外购件筹备情况（货到情况和日期）：				
	事故设备"四不放过"实施和对操作人实施教育： 设备员（签字）：				
	□ 通知生产及相关人员　　□ 上报车间　　□ 上报主管部门				
修复日期：_____年_____月_____日					
操作人（签字）：		维修人（签字）：		班组组长（签字）：	

工作小结

任务刚刚结束，赶紧做个小结吧！

 小提示
　　主要对工作过程中学到的知识、技能等进行总结！

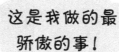
这是我做的最骄傲的事！

这是我该反思的内容！

这是我要持续改进的内容！

拓展知识

本任务中的故障我已经会处理了！那其他故障怎么处理呢（见表2-18）？

表2-18　Z5163立式钻床常见故障及处理方法

故障现象	故障原因	处理方法
主轴向下达到预定高度后，快速移动电动机M2不停转	挡铁没有把行程开关SQ2压下	检查时先将工件移开，当行程开关SQ2被压下时，测量SQ2的动断触头两端电压，如有电压，表示SQ2动断触头已断开，如无电压，表示SQ2的动断触头未断开，则接触器KM4线圈不能断电，故快速移动电动机M2不能停转
	接触器KM4在主电路中的动合触头发生熔焊	检查接触器KM4的主触头是否能正常接通或断开
主轴旋转但不能工作进刀	电磁离合器电路故障或液压部分故障	区别的方法：观察电磁离合器是否吸合，如吸合则故障在液压部分；不吸合，则是电路故障
		电气故障检修：由于电磁离合器使用的是直流电压，可用分段测量法检测，先测量VC1桥式整流器两端电压是否正常。如无电压或只有正常值的一半，表明故障在VC1整流器中；如有电压且电压正常，说明故障在负载电路，可依次检查KM1的动合触头、KT1的动断触头、SA4触头或KA的动合触头接触是否良好，YC线圈是否断路
主轴电动机M1运行中停车	热继电器FR1动作	找出FR1动作的原因，排除故障后，将FR1复位
照明灯EL不亮	灯泡损坏；FU5熔断；QS2触头接触不良；TC二次绕组断线或接头松脱；灯泡和灯头接触不良等	首先检查FU5，若已熔断，查明原因，排出故障后，更换相同规格的熔体；其次检查QS2及控制线路，若有接触不良或断线，可更换QS2或重新将线路接好；若怀疑灯泡和灯头接触不良，可将灯头内舌簧适当抬起，再旋紧灯泡
主轴、冷却、快速电机都不能启动，信号灯和照明灯不亮	电源故障或Q1故障	首先检查电源电压是否正常，如正常检查Q1是否能正常通断

学习任务三

铣床电气控制系统的装调与维修

铣床是普通机械加工设备中使用较多、用途广泛的一种，铣床可以加工平面、沟槽，也可以加工各种曲面、齿轮等。铣床是用铣刀对工件进行铣削加工的机床，还能加工比较复杂的型面，效率较刨床高，在机械制造和修理部门得到广泛应用。图3-1为普通铣床加工的零件。

在我们学校经常见到图3-1中的零件。

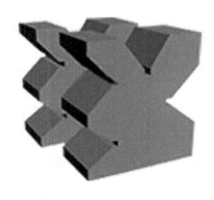

（a）测量室的V型块

花键轴上的键槽

（b）传动机构中花键轴

图3-1　普通铣床加工的零件

铣刀在工件上加工这样的表面形状，通常是以铣刀旋转运动为主运动，工件的移动为进给运动，必须使铣刀旋转和工件做一定规律的相对轨迹运动来实现的，铣床铣削各种运动关系如图3-2所示。

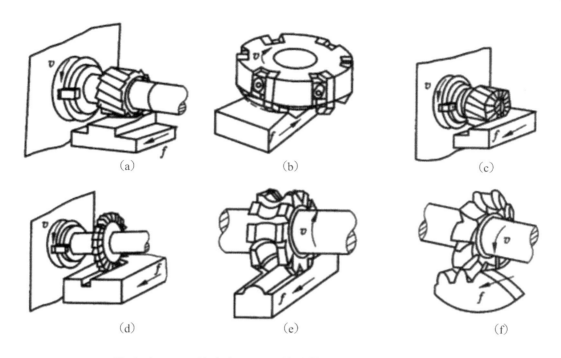

（a）、（b）铣平面；（c）铣阶台；（d）铣沟槽；（e）铣成型面；（f）铣齿轮

图3-2　铣床铣削加工及运动关系

　　为了完成这样的运动过程，铣床的主要运动形式有两种：主运动、进给运动。主运动是指主轴带动铣刀的旋转运动，进给运动是指工件随工作台在前后、左右和上下六个方向上的运动，卧式升降台铣床传动框图如图3-3所示。

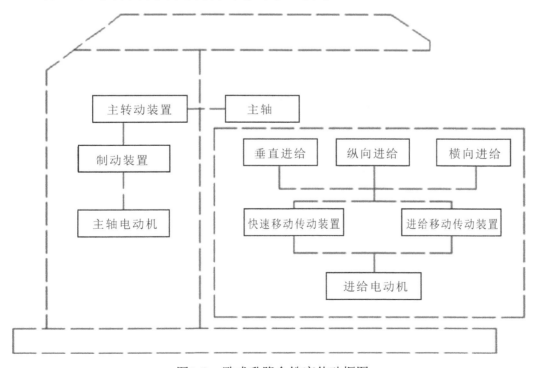

图3-3　卧式升降台铣床传动框图

铣床按结构特点、结构形式和加工性能的不同可分为哪几类？看了图3-4的内容就知道了。

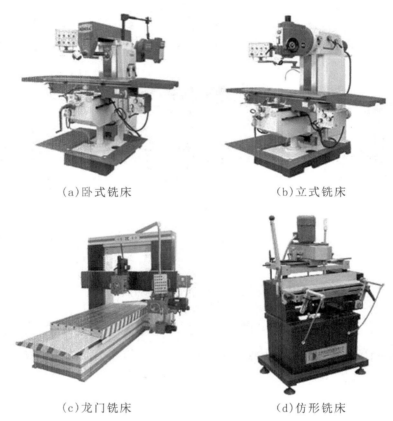

(a)卧式铣床　　　　　　　　　　(b)立式铣床

(c)龙门铣床　　　　　　　　　　(d)仿形铣床

图3-4　铣床分类

通过上面对铣床的了解，这次任务主要是完成X62W型万能铣床电气控制系统的安装与调试，以及对X5032立式铣床典型故障的诊断与排除两个任务。通过这两个任务的学习，我们能够掌握X62W型万能铣床电气控制系统的工作原理；能绘制电器元件布局图、电气接线图；能严格按照"6S"现场管理标准完成本次工作任务。在这期间，根据铣床的工作环境、工作负荷等因素，设备维修人员将围绕铣床的常规保养、故障维修、设备大修、技术改造等内容开展工作。

项目1 X62W型万能铣床电气控制系统的安装与调试

任务描述

来了解一下任务吧！

　　工业自动化系机械加工车间有一台X62W型万能铣床电气线路老化，设备处提供机床电气原理图，由电维班学生按机床电气控制系统工艺文件的编制方法绘制电器元件布局图、电气接线图，按机床电气控制线路安装规程完成电气线路的安装。线路安装完成后，学生完成对线路的自检后，由专业教师对线路进行检查验收，同时进行实训报告等文件的归档整理，并进行评价。工作时间40 h。工作过程需按"6S"现场管理标准进行。

　　合格后交付生产部负责人。派工单如下（见表3-1）：

表3-1　派 工 单

派 工 单				
工作地点	机械加工车间	工　时	40 h	任务接受人	
派工人		派工时间		完 成 时 间	
技术标准	GB 5226.1—2008《机械电气安全 机械电气设备 第1部分：通用技术条件》				
工作内容	根据附件提供的资源，完成X62W型万能铣床电气控制线路的安装、调试，功能验收合格后，交付生产部负责人				
其他附件	（1）X62W型万能铣床电气原理图，1套； （2）X62W型万能铣床电气控制线路安装工艺卡，1套； （3）电器元件明细表，1张； （4）材料明细表，1张； （5）工具清单，1张				
任务要求	（1）工作时间40 h； （2）工作现场管理按"6S"标准执行				
验收结果	操作者自检结果： □合格 □不合格 签名： 　　　　　　年　月　日		检验员检验结果： 　□合格 □不合格 签名： 　　　　　　年　月　日		

背景知识储备

看来我得了解一下X62W卧式万能铣床！

1.X62W型卧式万能铣床型号的含义

2.X62W型卧式万能铣床的主要结构

X62W型卧式万能铣床的外形如图3-5所示，它主要由床身、底座、主轴、刀杆支架、悬梁、工作台、回转盘、中滑板、升降台等几部分组成。

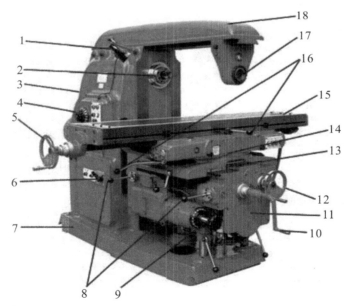

1—照明灯；2—主轴；3—床身；4—主轴调速盘；5—工作台纵向进给手轮；6—电源开关；
7—底座；8—工作台升降横向进给手柄；9—蘑菇形手柄；10—工作台升降进给手动手轮；
11—升降台；12—工作台横向进给手轮；13—中滑板；14—回转盘；15—工作台；
16—工作台纵向进给操纵手柄；17—刀杆支架；18—悬梁

图3-5 X62W型卧式万能铣床结构图

床身固定在底座上,床身内装有主轴的传动机构和变速操作机构。

床身的顶部有水平导轨,上面装有一个或两个刀杆支架的悬梁。刀杆支架用来支撑铣刀心轴的一端,心轴另一端则固定在主轴上,由主轴带动铣刀铣削。刀杆支架在悬梁上以及悬梁在床身顶部的水平导轨上都可以做水平移动,以便安装不同的心轴。

在床身的前面有垂直的导轨,升降台可以沿着它上下移动。

在升降台上面的水平导轨上,装有可在平行主轴轴线方向移动(前后移动)的溜板。溜板上部有可转动的回转盘,工作台就在此回转盘的导轨上做垂直于主轴轴线方向的移动(左右移动)。

这样固定在工作台上的工件就可以在三个坐标的六个方向(上下、左右、前后)上调整位置或进给。

回转盘相对于溜板可绕中心轴线左、右转过一个角度(通常为±45°),所以工作台还能在倾斜方向进给,可以加工螺旋槽。

3.X62W型卧式万能铣床的主要运动形式及控制要求

X62W型卧式万能铣床的主要运动形式有两种,具体控制要求如下:

1)主运动

X62W型卧式万能铣床的主运动是指主轴带动铣刀的旋转运动。

(1)主轴通过变换齿轮实现变速,有变速冲动控制。

(2)主轴电动机的正、反转改变主轴转向,实现顺铣和逆铣两种加工方式,但考虑正反转操作并不频繁(批量顺铣或逆铣),因此用组合开关来改变电源相序,以控制主轴电动机的正反转。

(3)铣削加工是一种不连续的切削加工方式,为减小振动,主轴上装有惯性轮,但这样造成主轴停车困难,为此主轴电动机采用停车制动控制以实现准确停车。

(4)铣削加工过程中需要主轴调速,采用改变变速箱的齿轮传动比来实现,因此主轴电动机不需要调速。

2)进给运动

进给运动是指工件随工作台在前后、左右和上下六个方向上的运动以及椭圆形工作台的旋转运动。

铣床的工作台要求有前后、左右和上下六个方向上的进给运动和快速移动,所以要求进给电动机能正反转。为扩大加工能力,工作台上可加装圆形工作台,圆形工作台的回转运动是由进给电动机经传动机构驱动的。圆工作台旋转与工作台的移动运动有联锁控制。

工作台能通过电磁铁吸合改变传动键的传动比实现快速移动,有变速冲动控制。

主轴旋转与工作台进给有联锁:铣刀旋转后,才能进给;进给结束后,铣刀旋转才能结束。

为保证机床和刀具的安全，在铣削加工时，任何时刻工件都只能有一个方向的进给运动，因此采用了机械操作手柄和行程开关相配合的方式实现六个运动方向的联锁。

为了操作方便，应该在两处控制各部件的启停。

进给变速采用机械方式实现，因此进给电动机不需要调速。

制定工作计划和方案

X62W型卧式万能铣床是一台典型的机床加工设备，它的电气控制线路安装、调试工作具有一定的典型性和代表性，根据派工单的要求，现制定工作计划安排（见表3-2）。

还等什么?赶快决策出工作计划并实施它!

表3-2　工作计划表

X62W型卧式万能铣床电气控制系统的安装与调试 项目实施计划			
序　号	任务内容		工作时间/h	备　注
1	识读电气原理图	分析X62W型卧式万能铣床工作原理		
2	绘制电器元件布置图和电气接线图	根据电器元件布置图和接线图应该遵循的原则；自己设计电器元件布置图和电气接线图		
3	填写项目实施工艺卡	（1）填写电器元件安装工艺卡		
		（2）填写电气线路安装工艺卡		
4	准备电器元件及工具	根据电气原理图列出电器元件清单，领取电器元件并对元件进行检测，以及准备相应工具		
5	电器元件安装	根据电器元件布置图和电器元件安装工艺卡安装电器元件		
6	电气线路安装	根据电气接线图及电气线路安装工艺卡连接各电气线路		

续表

序　号	任务内容		工作时间/h	备　注
7	通电前检查	（1）主电路部分检查		主要检查有无短路或者断路
		（2）控制电路部分检查		
		（3）辅助电路检查		
8	功能调试与验收	在接通电源的状态下检测机床各控制功能是否实现		
9	清理工作现场	（1）整理剩余材料		
		（2）整理工具		
		（3）打扫工作现场卫生、设备卫生		
10	整理资料	（1）整理相关图纸并装订成册		
		（2）整理相关工艺卡并装订成册		
		（3）整理相关记录、表格并装订成册		
11	项目移交	（1）移交相关技术文件		
		（2）移交设备		

审批（签字）：　　　　　　　　　　制表（签字）：

实施过程

让我们按下面的步骤完成本任务的实施操作吧！

1 分析X62W型卧式万能铣床工作原理

X62W型卧式万能铣床电气原理图包括主电路、控制电路、照明及冷却、电源指示等辅助电路，如图3-6所示。

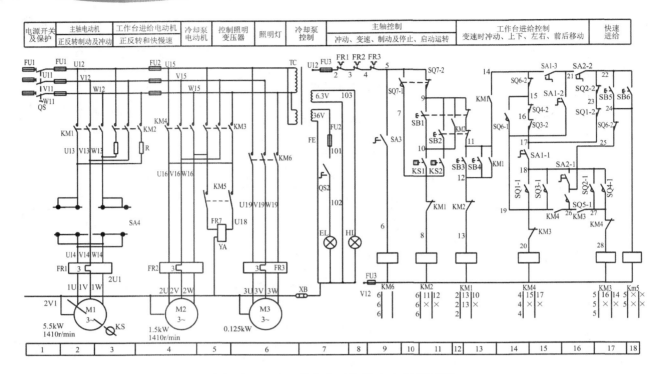

图3-6　X62W型卧式万能铣床电气原理图

　　X62W型卧式万能铣床电气控制原理相对前面两个任务学习都较为复杂，整个电气控制中包括反接制动和工作台的自动往返控制，为了更好的完成整个任务，首先应对以下知识点进行学习。

1.速度继电器

　　速度继电器是当电动机转速达到规定值时触头动作的继电器，其作用是与接触器配合实现对电动机的制动，所以又称为反接制动继电器。

　　图3-7所示是速度继电器的结构原理图。速度继电器主要是由转子、定子和触点三部分组成。转子11是一个圆柱形永久磁铁；定子9是一个笼型空心圆环，由矽钢片叠成并装有笼型绕组；速度继电器转轴10与被控电动机转轴连接，而定子9空套在转子11上。当电动机转动时，速度继电器的转子11随之转动，这样永久磁铁的静磁场就成了旋转磁场，定子9内的短路导体因切割磁场而感应电动势并产生电流，带电导体在旋转磁场的作用下产生电磁转矩，于是定子9随转子11旋转方向转动，但由于有返回杠杆6挡位，故定子只能随转子转动一定角度，定子的转动经杠杆7作用使相应的触点动作，并在杠杆推动触点动作的同时，压缩反力弹簧2，其反作用力也阻止定子转动。当被控电动机转速下降时，速度继电器转子转速也随之下降，于是定子的电磁转矩减小；当电磁转矩小于反作用弹簧的反作用力矩时，定子返回原来位置，对应触点恢复到原来状态。同理，当电动机向相反方向转动时，定子做反向转动，使速度继电器的反向触点动作。

（a）速度继电器外形

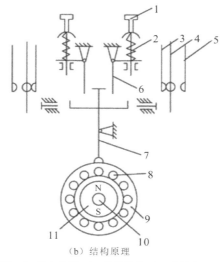

（b）结构原理

1—调节螺钉；2—反力弹簧；3—常闭触点；4—动触点；5—常开触点；
6—返回杠杆；7—杠杆；8—定子导条；9—定子；10—转轴；11—转子

图3-7　速度继电器外形和结构原理图

调节螺钉的位置，可以调节反力弹簧的反作用力大小，从而调节触点动作时所需转子的转速。一般速度继电器的动作转速不低于120 r/min，复位转速约为100 r/min。

速度继电器的图形符号如图3-8所示，文字符号为KS。

（a）转子　　（b）常开触点　（c）常闭触点

图3-8　速度继电器的图形符号

常用的速度继电器有JY1型和JFZ0型。JY1型能在3000 r/min以下可靠工作；JFZ0-1

型适用于300~1000 r/min, JFZ0-2型适用于1000~3600 r/min, JFZ0型有两对动合、动断触点。一般情况下,速度继电器转轴在120 r/min左右即能动作,在100 r/min以下触点复位。

JFZ0系列速度继电器型号的含义。

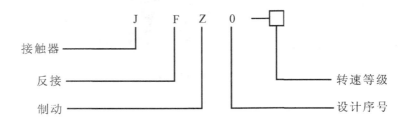

JY1型和JFZ0型速度继电器的主要技术参数如表3-3所示。

表3-3 JY1型和JFZ0型速度继电器的主要技术参数

型 号	触点容量		触点数量		额定工作转速/(r•min⁻¹)	允许操作频率/(次•h⁻¹)
	额定电压/V	额定电流/A	正转时动作	反转时动作		
JY1/JFZ0	380	2	1组转换触点	1组转换触点	100~3600 300~3600	<30

2.三相异步电动机反接制动原理

反接制动实质上是改变异步电动机定子绕组中三相电源相序,相反的反向启动转矩,进行制动,如图3-9所示。进行反接制动时,首先将三相电源相序切换,然后在电动机转速接近零时,将电源及时切除。

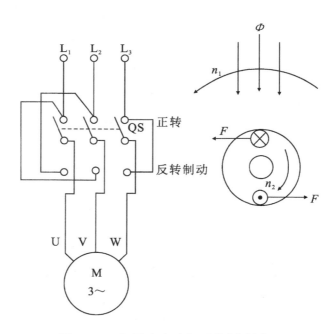

图3-9 三相异步电动机反接制动原理

三相异步电动机反接制动的控制电路图如图3-10所示,工作过程如下:

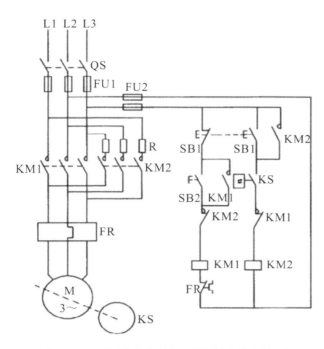

图3-10 三相异步电动机反接制动控制电路图

启动时:

合上电源开关QS ——→ 按下SB2 ——→ KM1得电自锁 ——→ 电动机全压运行 ——→

——→ 速度继电器KS动作 ——→ 为制动KM2通电做准备

停止时:

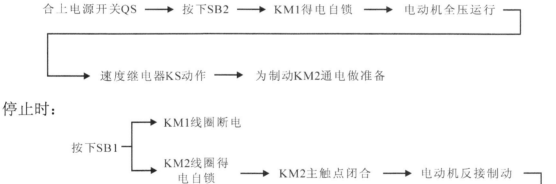

 小·提示

速度继电器进行安装与使用时,应注意以下事项:

（1）速度继电器的转轴应与被控电动机同轴相连,且两轴的中心线重合;

（2）速度继电器安装接线时,应注意正方向触头不能接错,否则不能实现反接制动控制;

（3）速度继电器的金属外壳应可靠接地。

在反接制动过程中为什么在定子绕组中要串入电阻R？

3.机床工作台自动往返的控制

在生产中，有些机械的工作需要自动往复运动，如钻床的刀架、万能铣床的工作台等。为了实现对这些机械的自动控制，就要确定运动过程中的变化参量，一般情况下为行程和时间，最常采用的是行程控制。故常用行程开关代替按钮来实现对电动机的正反转控制，SQ3、SQ4实现极限保护。图3-11是利用行程开关SQ1和SQ2来实现工作台自动往返的控制的线路图，其自动往返运动的动作原理如下：

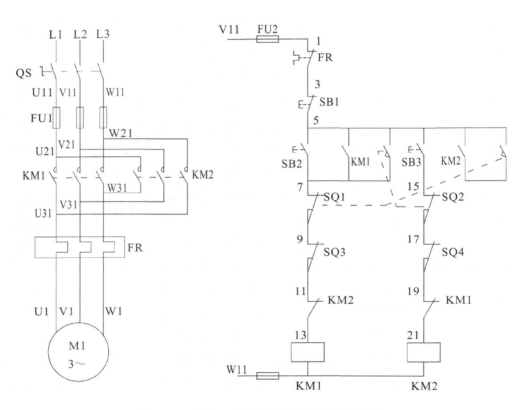

图3-11　机床工作台自动往返控制线路图

合上电源开关QS

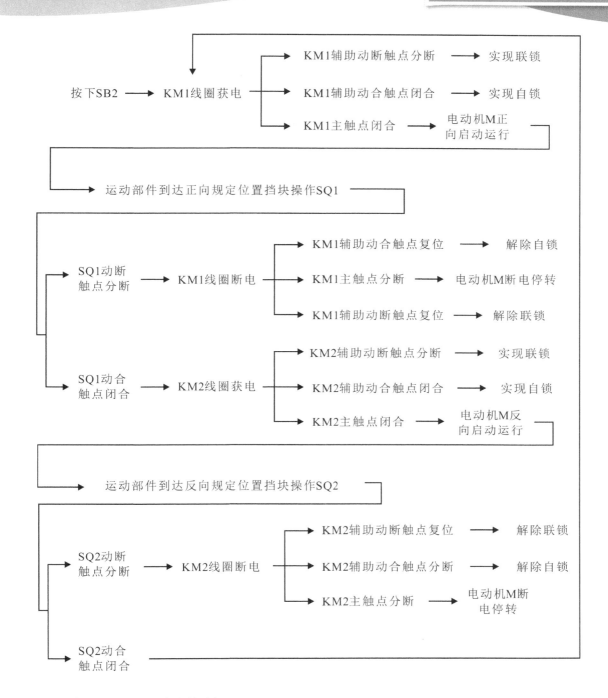

4.电动机电磁抱闸制动控制

利用机械装置使电动机断开电源后迅速停转的方法称为机械制动。机械制动分为通电制动型和断电制动型两种。

电磁抱闸制动装置由电磁操作机构和弹簧力机械抱闸机构组成。图3-12所示为断电制动型电磁抱闸的结构及其控制电路。

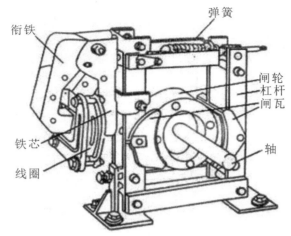

（a）断电制动型电磁抱闸的结构示意图

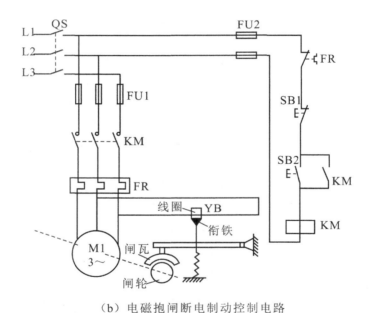

（b）电磁抱闸断电制动控制电路

图3-12　断电制动型电磁抱闸的结构及其控制电路

电动机电磁抱闸制动控制原理分析：

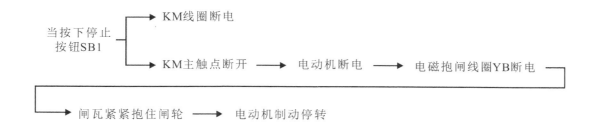

当按下停止按钮SB1 → KM线圈断电

当按下停止按钮SB1 → KM主触点断开 → 电动机断电 → 电磁抱闸线圈YB断电 → 闸瓦紧紧抱住闸轮 → 电动机制动停转

 小提示

电磁抱闸使用注意事项：

（1）电磁抱闸的检查有测直流电阻、对地的绝缘电阻；

（2）看名牌电压与供电是否相符；

（3）机械检验就是调整抱闸的动作间距，能可靠地打开和可靠地抱住。

 通过对以上知识点的学习，我们再分析X62W型卧式万能铣床电气控制原理就简单多了！

1）主电路

铣床（见图3-6）由三台电动机拖动：M1是主轴电动机；M2是进给电动机；M3是冷却泵电动机。

（1）主轴电动机M1：主轴电动机M1通过换相开关SA4与接触器KM1配合，能进行正反转控制，而与接触器KM2、制动电阻器R及速度继电器的配合，能实现串电阻瞬时冲动和正反转反接制动控制，并能通过机械换挡进行调速。

（2）进给电动机M2：进给电动机M2能进行正反转控制，通过接触器KM3、KM4与行程开关及KM5、牵引电磁铁YA配合，能实现进给变速时的瞬时冲动、6个方向的常速进给和快速进给控制。

（3）冷却泵电动机M3：冷却泵电动机M3只能正转。

（4）熔断器FU1做机床总短路保护，也兼做M1的短路保护；FU2做M2、M3及控制变压器TC、照明灯EL的短路保护；热继电器FR1、FR2、FR3分别做M1、M2、M3的过载保护。

2）控制电路

（1）主轴电动机的控制。主轴电动机的电气控制如图3-13所示。主轴（M1）的启停在两地操作，一处在升降台上，一处在床身上。SB1、SB3与SB2、SB4是分别装在机床两边的停止（制动）和启动按钮，实现两地控制，方便操作。KM1是主轴电动机启动接触器，KM2是反接制动和主轴变速冲动接触器。SQ7是与主轴变速手柄联动的瞬时动作行程开关。

SB3和SB4两地控制启动的按钮，分别装在机床两处，方便操纵。SB1和SB2是停止按钮（制动）。SA4是主轴电动机M1的电源换相开关。

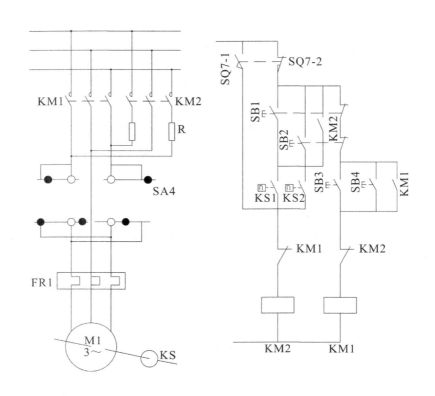

图3-13　主轴电动机的控制线路

①主轴电动机启动：

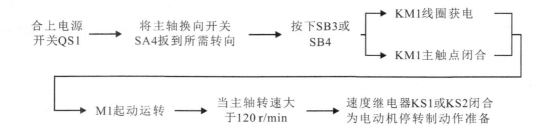

②主轴电动机停止及制动：

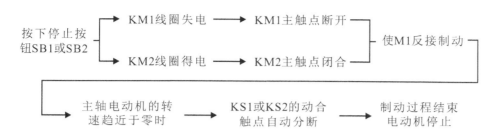

③主轴变速时的冲动控制：

主轴电动机变速时的瞬动(冲动)控制,是利用变速手柄与冲动行程开关SQ7,通过机械上联动机构进行控制的,如图3-14所示。

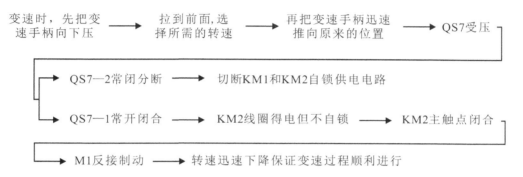

但要注意：不论是开车还是停车时变速，都应较快速把变速手柄推回原位，以免通电时间过长，引起M1转速过高而打坏齿轮。

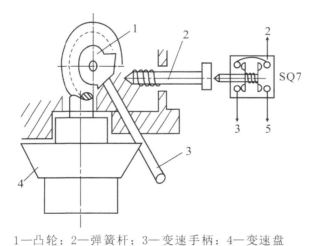

1—凸轮；2—弹簧杆；3—变速手柄；4—变速盘

图3-14　主轴变速冲动示意图

（2）工作台进给电动机控制。

转换开关SA1是控制圆工作台运动，在不需要圆工作台运动时，转换开关SA1的触点SA1-1闭合，SA1-2的触点分断，SA1-3的闭合。工作台进给时，换相开关SA2-1触点分断，SA2-2的触点闭合。工作台的运动方向有上、下、左、右、前、后六个方向，其控制线路如图3-15所示。

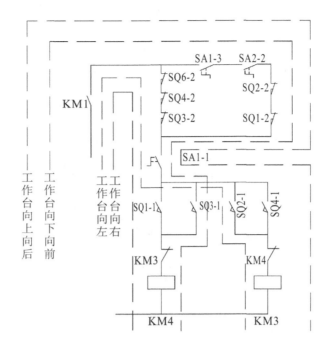

图3-15 工作台上、下、左、右、前、后运动控制线路

① 工作台向右进给运动控制：

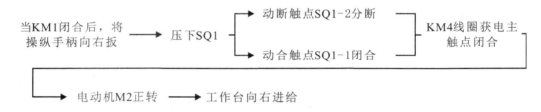

② 工作台向左进给运动控制：

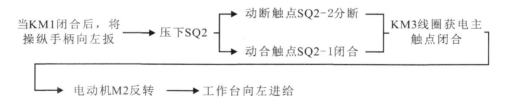

③ 工作台向上或向后运动控制：

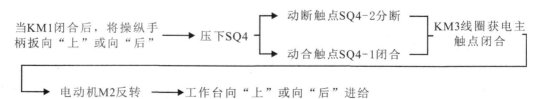

④工作台向下或向前运动控制：

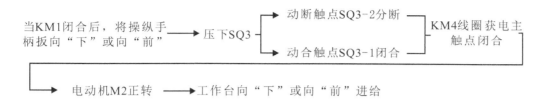

⑤工作台进给变速时的冲动控制：在改变工作台进给速度时，为了使齿轮易于啮合，也需要电动机M2瞬时冲动一下，其控制线路如图3-16所示。先将蘑菇手柄向外拉出并转动手柄，转盘跟着转动，把所需进给速度标尺数字对准箭头；然后再把蘑菇形手柄用力向外拉到极限位置并随即推回原位。

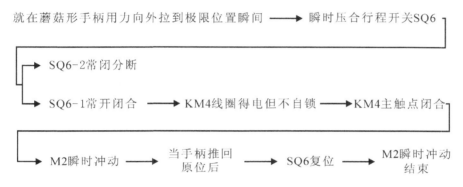

⑥工作台进给的快速移动控制：工作台上、下、前、后、左、右六个方向快速移动，由垂直与横向进给手柄，纵向进给手柄和快速移动按钮SB5、SB6配合实现。进给快速移动可分手动控制和自动控制两种，自动控制又可分为单程自动控制、半自动循环控制和全自动循环控制三种方式，目前都采用手动的快速行程控制。其控制线路如图3-16所示。

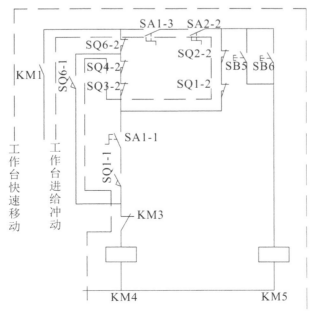

图3-16　工作台进给变速冲动和快速移动控制线路

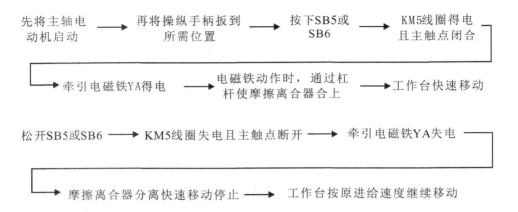

⑦工作台纵向（左右）自动控制：本机床只需在工作台前安装各种挡铁，依靠各种挡铁随工作台一起运动时与手柄星形轮碰撞而压合限位开关SQ1、SQ2、SQ5，并把SA2开关扳向"自动"位置，便可实现工作台纵向（左右）运动时的各种自动控制。其控制线路如图3-17所示。

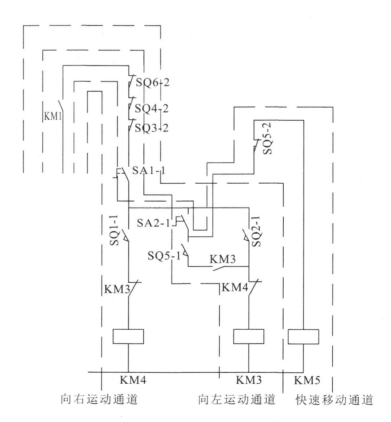

图3-17　工作台向左（右）单程移动及半自动循环控制线路

⑧单程自动控制、向左或向右运动：启动—快速—进给（常速）—快速—停止。

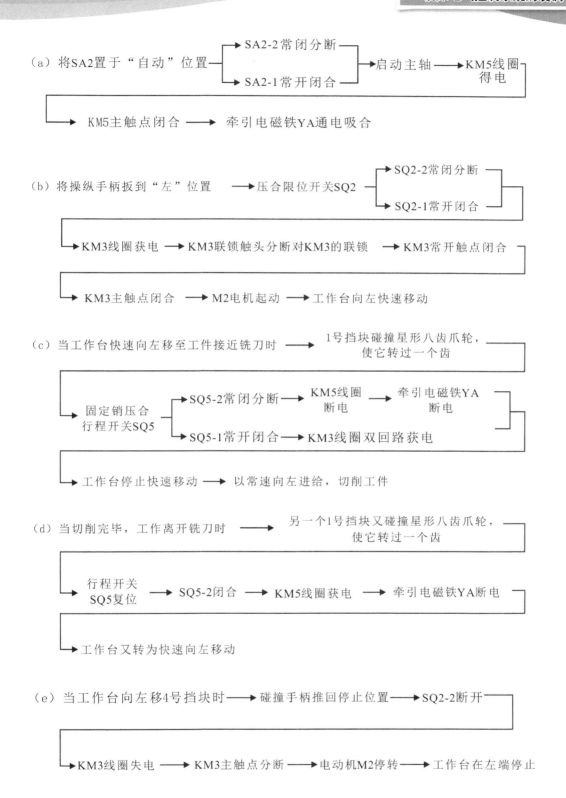

（a）将SA2置于"自动"位置 → SA2-2常闭分断 / SA2-1常开闭合 → 启动主轴 → KM5线圈得电

→ KM5主触点闭合 → 牵引电磁铁YA通电吸合

（b）将操纵手柄扳到"左"位置 → 压合限位开关SQ2 → SQ2-2常闭分断 / SQ2-1常开闭合

→ KM3线圈获电 → KM3联锁触头分断对KM3的联锁 → KM3常开触点闭合

→ KM3主触点闭合 → M2电机起动 → 工作台向左快速移动

（c）当工作台快速向左移至工件接近铣刀时 → 1号挡块碰撞星形八齿爪轮，使它转过一个齿

→ 固定销压合行程开关SQ5 → SQ5-2常闭分断 → KM5线圈断电 → 牵引电磁铁YA断电 / SQ5-1常开闭合 → KM3线圈双回路获电

→ 工作台停止快速移动 → 以常速向左进给，切削工件

（d）当切削完毕，工作离开铣刀时 → 另一个1号挡块又碰撞星形八齿爪轮，使它转过一个齿

→ 行程开关SQ5复位 → SQ5-2闭合 → KM5线圈获电 → 牵引电磁铁YA断电

→ 工作台又转为快速向左移动

（e）当工作台向左移4号挡块时 → 碰撞手柄推回停止位置 → SQ2-2断开

→ KM3线圈失电 → KM3主触点分断 → 电动机M2停转 → 工作台在左端停止

⑨半自动循环控制：启动—快速—常速进给—快速回程—停止。如图3-17所示，工作过程为五步，前三步与单程自动控制的a、b、c相同。d步为：

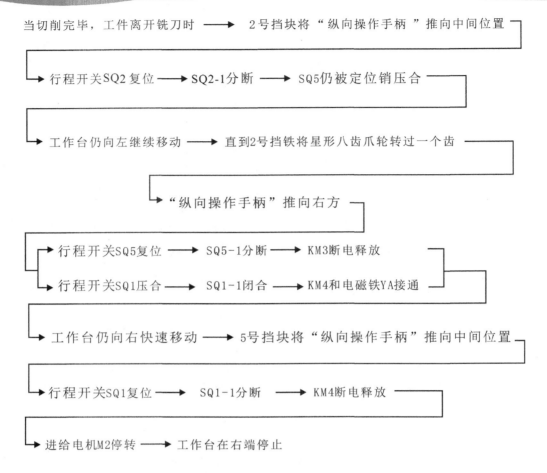

当切削完毕，工件离开铣刀时 ——→ 2号挡块将"纵向操作手柄"推向中间位置

行程开关SQ2复位 ——→ SQ2-1分断 ——→ SQ5仍被定位销压合

工作台仍向左继续移动 ——→ 直到2号挡铁将星形八齿爪轮转过一个齿

"纵向操作手柄"推向右方

行程开关SQ5复位 ——→ SQ5-1分断 ——→ KM3断电释放

行程开关SQ1压合 ——→ SQ1-1闭合 ——→ KM4和电磁铁YA接通

工作台仍向右快速移动 ——→ 5号挡块将"纵向操作手柄"推向中间位置

行程开关SQ1复位 ——→ SQ1-1分断 ——→ KM4断电释放

进给电机M2停转 ——→ 工作台在右端停止

⑩圆形工作台的控制：工作台绕自己的垂直中心转动叫圆工作台运动，X62W型万能铣床还附有圆工作台及其传动机构，使用时将它安装在工作台和纵向进给传动机构上，其回转运动是由进给电动机M2经过传动机构来拖动的。其控制线路如图3-18所示。

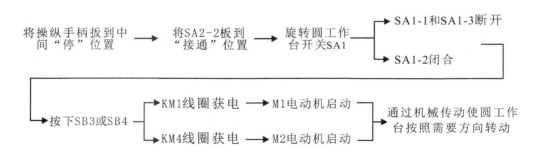

将操纵手柄扳到中间"停"位置 ——→ 将SA2-2板到"接通"位置 ——→ 旋转圆工作台开关SA1

SA1-1和SA1-3断开

SA1-2闭合

按下SB3或SB4 ——→ KM1线圈获电 ——→ M1电动机启动

KM4线圈获电 ——→ M2电动机启动

通过机械传动使圆工作台按照需要方向转动

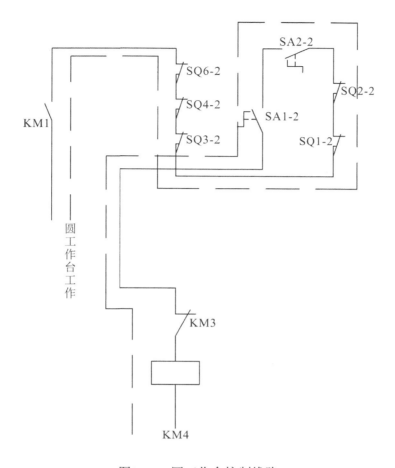

图3-18　圆工作台控制线路

思考一下

若主轴停止或扳动工作台任一进给手柄，圆工作台是否能继续转动？

（3）冷却泵电动机M3控制。主轴电动机启动后，冷却泵电动机M3才启动。

将转换开关SA3闭合 ⟶ KM6线圈获电 ⟶ KM6主触点闭合 ⟶ M3启动运转冷却液输出

（4）机床照明由变压器T2降压为24 V安全电压，并由SA5开关控制。

 2 绘制电器元件布置图和电气接线图

计划中提到自己设计电器元件布置图和电气接线图。

那我们在设计中应该遵循哪些原则呢？

知识链接

电器元件布置图设计

（1）电器元件布置图的绘制原则。在一个完整的自动控制系统中，由于各种电器元件所起的作用不同，各自安装的位置也不同，因此，在进行电器元件布置图绘制之前应根据电器元件各自安装的位置划分各组件。同一组件内，电器元件的布置应满足以下原则：

①体积大和较重的元件应安装在电器板的下面，发热元件应安装在电器板的上面。

②强电与弱电分开，应注意弱电屏蔽，防止外界干扰。

③需要经常维护、检修、调整的电器元件安装位置不宜过高或过低。

④电器元件的布置应考虑整齐、美观、对称。结构和外形尺寸类似的电器元件应安装在一起，以利于加工、安装、配线。

⑤各种电器元件的布置不宜过密，要有一定的间距。

（2）各种电器元件的位置确定之后，即可以进行电器元件布置图的绘制。电器元件布置图根据电器元件的外形进行绘制，并要求标出各电器元件之间的间距尺寸。其中，每个电器元件的安装尺寸(即外形大小)及其公差范围应严格按其产品手册标准进行标注，以作为安装底板的加工依据，保证各电器元件的顺利安装。

（3）在电器元件的布置图中，还要根据本部件进出线的数量和采用导线的规格，选择进出线方式及适当的接线端子板或接插件，按一定顺序在电器元件布置图中标出进出线的接线号。为便于施工，在电器元件的布置图中往往还留有10%以上的备用面积及线槽位置。

电器布置图设计举例

下面以图3-19所示的C620-1型车床电气原理图为例,设计它的电器元件布置图。

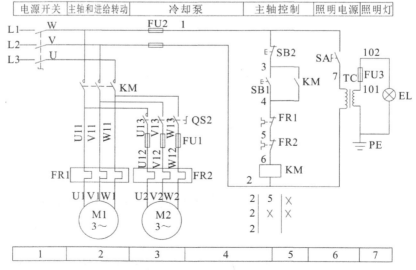

图3-19　C620-1型车床电气原理图

（1）根据各电器元件的安装位置不同进行划分。本例中的按钮SB1、SB2、照明灯EL及电动机M1、M2等安装在电气箱外，其余各电器元件均安装在电气箱内。

（2）根据各电器元件的实际外形尺寸进行电器元件布置。如果采用线槽布线，还应画出线槽的位置。

（3）选择进出线方式，标出接线端子。由此，设计出电器元件布置图如图3-20所示。

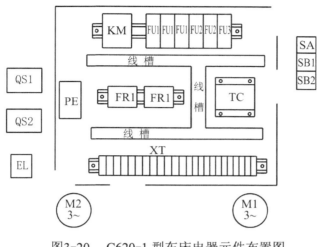

图3-20　C620-1型车床电器元件布置图

（1）绘制X62W型万能铣床电器元件布置图（如图3-21所示）

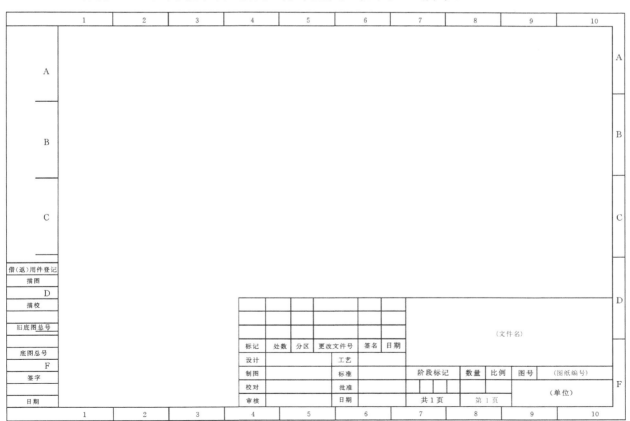

图3-21　X62W型万能铣床电器元件布置图

电气安装接线图的设计

电气安装接线图是根据电气原理图和电器元件布置图进行绘制的。按照电器元件布置最合理、连接导线最经济等原则来安排，为安装电气设备、电器元件间的配线及电气故障的检修等提供依据。

电气安装接线图的绘制原则

（1）在接线图中，各电器元件的相对位置应与实际安装的相对位置一致。各电器元件按其实际外形尺寸以统一比例绘制。

（2）一个元件的所有部件画在一起，并用点划线框起来。

（3）各电器元件上凡需接线的端子均应予以编号,且与电气原理图中的导线编号必须一致。

（4）在接线图中，所有电器元件的图形符号、各接线端子的编号和文字符号必须与原理图中的一致，且符合国家的有关规定。

（5）电气安装接线图一律采用细实线。成束的接线可用一条实线表示。接线很少时，可直接画出电器元件间的接线方式；接线很多时，接线方式用符号标注在电器元件的接线端，标明接线的线号和走向，可以不画出两个元件间的接线。

（6）在接线图中应当标明配线用的电线型号、规格、标称截面。穿管或成束的接线还应标明穿管的种类、内径、长度等及接线根数、接线编号。

电气安装接线图举例

同样以C620-1型车床为例，根据电器元件布置图，绘制电气安装接线图，如图3-22所示。

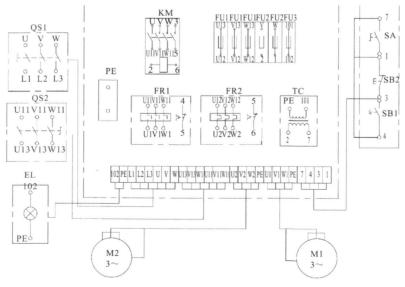

图3-22　C620-1型车床电气安装接线图

（2）绘制X62W型万能铣床电气安装接线图（见图3-23）。

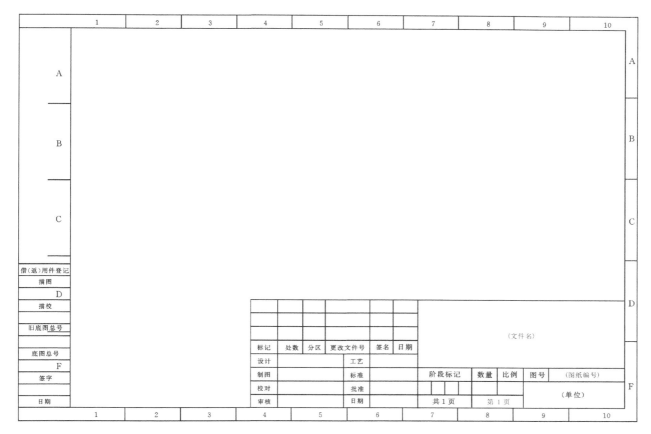

图3-23　X62W型万能铣床电气安装接线图

3 编制电气安装工艺卡

根据自己绘制电器元件布置图，按照电气安装工艺卡编制方法，完成X62W型卧式铣床电气安装工艺卡，工艺卡如表3-4和表3-5所示。

表3-4　X62W型万能铣床配电盘安装工艺卡

×××××××××工艺文件				产品型号	X62W
				产品名称	万能铣床
电气装配工艺过程卡片		第 1 页	共 2 页	图　号	DZ3-01
				名　称	电器元件安装
工序号	工序名称	工序内容		工艺要求	
1	元器件布局				

工　具				岗　位	装配
辅助材料				工　时	
			设　计		描　图	
			审　核		描　校	
			批　准		底图号	
标　记	处　数	更改文件号	签　字	日　期	标准化		装订号	

表3-5　X62W型万能铣床电电气控制线路安装工艺卡

×××××××××工艺文件				产品型号		X62W
				产品名称		万能铣床
电气装配工艺卡片		第2页	共 2 页	图　号		DZ3-02
				名　称		电气线路安装
工序号	工序名称	工序内容		工艺要求		
1	放线	根据配线图放线				
工　具					岗　位	装配
辅助材料					工　时	
				设　计	描　图	
				审　核	描　校	
				批　准	底图号	
标　记	处　数	更改文件号	签　字	日　期	标准化	装订号

4 元器件准备与安装

1.准备电器元件

根据X62W型万能铣床电气原理图（见图3-6）可以列出的电器元件明细表，详见表3-6。

表3-6　电器元件明细表

代　号	名　称	规格及型号	数　量	用　途
QS1	电源开关			电源总开关
FU1	熔断器			M1主电路短路保护
FU2				M2、M3主电路短路保护
FU3				控制电路短路保护
FU4				照明电器短路保护
KM1	交流接触器			M1启动接触器
KM2				M1制动接触器
KM3				控制M2
KM4				
KM5				控制YA
KM6				控制M3
FR1	热继电器			防止M1过载
FR2				防止M2过载
FR3				防止M3过载
T1	控制变压器			控制线路电源
T2	照明变压器			照明线路低压电源
KS	速度继电器			反接制动控制
R	制动电阻器			制动限流电阻
SB1 SB2	制动按钮			主轴制动控制
SB3 SB4	启动按钮			主轴起动控制
SB5 SB6	快速进给按钮			工作台快速移动控制
SA1	转换开关			圆工作台转换
SA2				工作台手动和自动转换
SA3				冷却泵开关

续表

代　号	名　　称	规格及型号	数　量	用　　途
SA4	换向开关			主轴换向开关控制
SA5	灯转换开关			照明灯控制
SQ1				向右进给
SQ2				向左进给
SQ3				先前及向下进给
SQ4	行程开关			先后及向上进给
SQ5				自动循环控制
SQ6				进给变速冲动
SQ7				主轴变速冲动
EL	照明灯			机床低压照明
M1	主轴电动机			主轴传动
M2	进给电动机			工作台进给传动
M3	冷却泵电动机			提供冷却泵

2.安装电器元件

根据自己绘制的电器元件布置图，按照X62W型万能铣床电气元件安装工艺卡，完成X62W型万能铣床电器元件安装，工艺卡如表3-4所示。

5 机床电气线路的安装

1.准备材料

根据X62W型万能铣床电气原理图（图3-6）可以列出材料明细表，详见表3-7。

表3-7　材料明细表

序　号	名称及用途	型号及规格	数量 盘内+盘外
1	主轴电动机动力线		
2	冷却泵电动机动力线		
3	快速进给电动机动力线		

续表

序　号	名称及用途	型号及规格	数量 盘内+盘外
4	控制电路导线		
5	接地线		
6	冷压端子		
7	异型管		
8	绝缘胶布		
9	绕线管		
10	吸盘（带胶）		
11	扎带		

2.安装电气控制线路

根据自己绘制的电气安装图进行导线布线，并套上已编制线号的异型管。按照安装工艺流程，完成X62W型万能铣床电气控制线路安装，工艺卡如表3-5所示。

6 通电前的电气控制线路检查

设备通电前电气安装检查并记录在记录表3-8中。

表3-8　设备通电前电气安装检查记录表

设备名称			设备型号		检查时间	
内　容		序　号	检查项目			检查人
安装工艺检查	元件安装工艺规范	1	元器件安装整齐并且牢固可靠	□		
		2	按钮、信号灯颜色正确	□		
		3	元器件接线端子、接点等带电裸露点之间间隔或与外壳、接点之间间隔符合要求	□		
		4	各元器件符号贴标位置正确	□		
	线路安装工艺规范	5	导线选择是否正确： 颜色□　规格□　材质□　类型□			
		6	导线连接工艺是否合格： 压接牢靠□　漏铜□　导线入槽□　毛刺□ 冷压端子□　线号□　端子线数□　接头□			
		7	穿线困难的管道，是否增添备用线	□		
		8	铺设导线，无穿线管采用尼龙扎带扎接	□		
		9	保护接地检查	□		
线路检查	短路检查	10	主电路相线间短路检查	□		
		11	交流控制电路相线间短路检查	□		
		12	相线与地线间短路检查	□		
	断路检查	13	主轴电机主电路检查	□		
		14	冷却泵主电路检查	□		
		15	快速进给电机主电路检查	□		
		16	电源指示电路检查	□		
		17	照明电路检查	□		
	绝缘检查	18	主电路绝缘电阻大于$1M\Omega$	□		
		19	控制电路绝缘电阻大于$1M\Omega$	□		

说明：

（1）本表适用于设备通电前检查记录时使用。

（2）表中检查项目结束且正常项在对应"□"划"√"；未检查项不做标记，待下一步继续检查；非正常项在对应"□"划"×"

项目检查与验收

设备通电前调试验收并将结果记录在表3-9中。

表3-9 设备通电调试验收记录表

设备名称				设备型号	
项　目	序　号		检查项目		检查结果
通电前准备	1		"设备通电前电气安装检查记录表"中所有项目已检查		
	2		所有电动机轴端与机床机械部件已分离		
	3		所有开关、熔断器都处于断开状态		
	4		检查所有熔断器、热继电器电流调定符合设计要求		
	5		连接设备电源后检查电压值应在380 V±10%范围内		
项　目		序　号	操作内容	检查内容	检查结果
功能验收	试车准备	1	合上总电源开关	配电箱中是否有气味异常，若有应立即断电	
	主轴功能验收	2	将SA4打开"正转"或"反转"位置，按下SB3或SB4	KM1	
				主轴电动机M1	
				速度继电器KS	
				KS1，KS2	
		3	主轴启动后，按下SB1或SB2	KM1	
				KM2	
				KS1，KS2	
				主轴电动机M1	
		4	主轴运转时将SA4打在中间位置	KM1	
				主轴电动机M1	
		5	主轴停止时，旋动主轴变速盘，以较快速度将手柄推回原位（SQ7闭合后断开）	KM1	
				KM2	
				主轴电动机	
		6	连接传动机构	主轴电动机与传动装置连接是否牢固	
		7	按下主轴启动按钮	主轴是否旋转	
		8	按下主轴停止按钮	主轴是否停转	

项　目		序　号	操作内容	检查内容	检查结果
功能验收	冷却功能验收	9	旋转SA3至冷却泵开	KM6	
				冷却泵电动机M3	
		10	旋转SA3至冷却泵关	KM6	
				冷却泵电动机M3	
	进给功能验收	11	进给停止时，旋转进给变速盘，以较快速度将手柄推回原位（SQ6闭合后断开）	KM3	瞬时得电
				进给电动机M2	瞬时抖动
		12	扳动"上下前后进给操作手柄"向前或向下	SQ3-1	
				SQ3-2	
				KM4	
				进给电动机M2	
		13	扳动"上下前后进给操作手柄"向后或向上	SQ4-1	
				SQ4-2	
				KM3	
				进给电动机M2	
		14	扳动"左右进给操作手柄"向左	SQ2-1	
				SQ2-2	
				KM3	
				进给电动机M2	
		15	扳动"左右进给操作手柄"向右	SQ1-1	
				SQ1-2	
				KM4	
				进给电动机M2	
		16	进给操作手柄扳到相应进给方向，按住SB5或SB6	KM5	
				快速电磁铁YA	
		17	SA1扳到圆工作台接通位置，按下SB3或SB4	SA1-1，SA1-3	
				SA1-2	
				KM1	
				KM3	
				主轴电动机M1	
				进给电动机M2	
		18	连接传动机构	电动机与传动装置连接是否牢固	
		19	扳动"上下前后进给操作手柄"	工作台进给方向是否和控制要求一致	
		20	扳动"左右进给操作手柄"	工作台进给方向是否和控制要求一致	

项　目		序号	操作内容	检查内容	检查结果
功能验收	辅助功能验收	20	合上SA5至照明开	照明灯是否点亮	
		21	合上SA5至照明关	照明灯是否熄灭	
操作人（签字）： 　　　　　　　年　月　日				检查人（签字）： 　　　　　　　年　月　日	

项目移交

设备调试验收完成后，将设备移交给相关人员填写设备移交单（见表3-10）。

表3-10　设备移交单

设备名称			设备型号	
一、主机及装在主机上的附件				
序　号	名　称	规　格	数量	备　注
1	X62W型万能铣床		1台	
2	配电箱		1套	
3	主轴制动装置		1套	
4	冷却装置		1套	
5	快速进给装置		1套	
6	照明装置		1套	
二、技术文件				
1	电气原理图		1张	
2	电器元件布置图		2张	
3	电气接线图		1张	
4	电器元件安装工艺卡		1张	
5	电气控制线路安装工艺卡		1套	
6	电器元件明细表		1张	
7	工具清单		1张	

续表

序　号	名　称	规　格	数　量	备　注
8	材料明细表		1张	
9	设备通电前电气安装检查记录表		1张	
10	设备通电调试验收记录表		1张	
11	派工单		1张	
操作人（签字）： 年　月　日		派工人（签字）： 年　月　日	接收人（签字）： 年　月　日	

工作小结

任务刚刚结束，赶紧做个小结吧！

小提示

主要对工作过程中学到的知识、技能等进行总结！

这是我做的最骄傲的事！

这是我该反思的内容！

这是我要持续改进的内容！

项目2 X5032型立式铣床工作台不能快速进给的故障诊断与维修

任务描述

来了解一下任务吧!

　　工业自动化系机械加工车间有一台X5032型立式铣床在加工时出现工作台各方向都不能快速进给的故障，操作者立即将此情况上报负责设备维修的电气自动化教研室的当天值班教师，该教师随即带领电维班的学生前往处理。到达现场后，学生在教师的指导下向设备操作者咨询了现场情况后根据故障现象利用该机床电气控制原理图进行故障的分析与诊断，找出故障的部位进行相应处理，启动机床试车后，确认故障排除，填写维修任务单。工作过程需按"6S"现场管理标准进行，维修申报书如表3-11所示。

表3-11　机加车间设备故障（事故）维修申报书

<table>
<tr><td rowspan="4">操作者填写</td><td>设备编号</td><td>设备名称</td><td>设备型号</td><td>操作人姓名</td><td>班组组长</td></tr>
<tr><td>XD106106</td><td>铣床</td><td>X5032</td><td>李凯</td><td>王明</td></tr>
<tr><td colspan="5">故障（事故）申报时间：__2012__年__12__月__5__日</td></tr>
<tr><td colspan="5">故障（事故）现象（故障详细信息）：
　　X5032型立式铣床，给机床上电后，主轴启动正常，将进给操作手柄扳向任意方向，工作台常速进给正常，当按下快速控制按钮后，工作台不能快速进给</td></tr>
<tr><td rowspan="2">维修人员填写</td><td colspan="5">故障（事故）判定、检测及维修方案：

 负责人（签字）： </td></tr>
<tr><td colspan="5">维修需更换部件明细（技术参数说明）：

 负责人（签字）： </td></tr>
</table>

续表

设备员填写	外购件筹备情况（货到情况和日期）：
	事故设备"四不放过"实施和对操作人实施教育：
	□ 通知生产及相关人员　　□ 上报车间　　□ 上报主管部门
维修人员填写	故障（事故）设备维修方案实施情况及结果： 负责人（签字）：

修复日期：＿＿＿＿＿年＿＿＿＿＿月＿＿＿＿＿日

| 操作人（签字）： | 维修人（签字）： | 班组组长（签字）： |

背景知识储备

我们了解X5032型立式铣床有哪些特点？

立式铣床与卧式铣床相比较，主要区别是主轴垂直布置，除了主轴布置不同以外，工作台可以上下升降，立式铣床用的铣刀相对灵活一些，适用范围较广，可使用立铣刀、机夹刀盘、钻头等，可铣键槽、铣平面、镗孔等。立式铣床是一种通用金属切削机床。本机床的主轴锥孔可直接或通过附件安装各种圆柱铣刀、成型铣刀、端面铣刀、角度铣刀来铣切平面、斜面、沟槽、齿轮等。

1.X5032型立式铣床的型号的含义

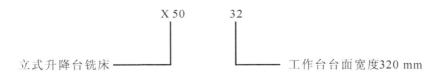

2.X5032型立式铣床的结构及工作要求

X5032型立式铣床的结构主要由底座、床身、主轴、纵向工作台、横向工作台、升降台等部分组成。其结构如图3-24所示。

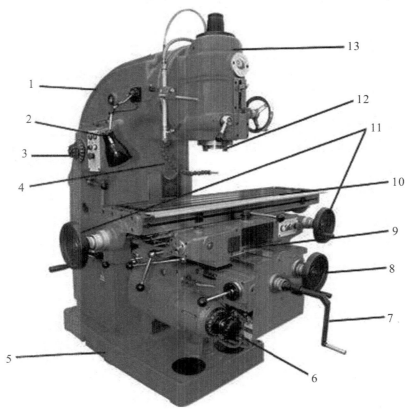

1—床身；2—工作灯；3—主轴调速盘；4—冷却管；5—底座；6—蘑菇形手柄；
7—工作台升降进给手动手轮；8—工作台横向进给手轮；9—横向工作台；
10—纵向工作台；11—工作台纵向进给手动手轮；12—主轴；13—立铣头

图3-24　X5032型立式铣床结构图

铣刀装在与主轴连在一起的刀杆支架上，在床身的前面有垂直导轨，升降台沿其上下移动；在升降台上面的水平导轨上，装有与主轴轴线方向垂直的横向移动溜板，在横向移动溜板上装有与主轴轴线方向垂直的纵向移动溜板，这样，工作台上的工件就可以在六个方向（上、下、左、右、前、后）进给。

为了加快调整工件与刀具之间的相对位置，可以改变传动比，使工作台在六个方向上作快速移动。此外，由于转动部分相对于溜板可绕垂直轴线左、右转一个角度（通常为45°），因此可以加工螺旋槽。工作台上还可以安装圆工作台以扩大铣削能力。

由上述可知，X5032型立式铣床运动方式有：

（1）主运动为铣刀旋转。

（2）工作台X、Y、Z向有手动进给，机动进给和机动快进三种方式，进给速度能满足不同的加工要求；快速进给可使工件迅速到达加工位置，加工方便、快捷，缩短非加工时间。

制定工作计划和方案

还等什么?赶快制定工作计划表（见表3-12）并实施它吧！

表3-12　工作计划表

序 号	工作阶段	工作内容	工作时间/h	备 注
		X5032型立式铣床工作台不能快速进给的故障诊断与维修项目实施计划		
1	分析机床电气控制原理	通过分析X5032型立式铣床电气控制原理，列出可能引起故障的所有故障点（电器元件及相关线路）		
2	调查故障现场信息	到故障现场后，在操作人员的配合下，操作机床，进一步观察故障现象，并做记录		
3	确定故障范围	把从故障现场获取的故障信息与之前的分析进行对比，确定故障范围		
4	故障排查	（1）对可能存在故障的位置进行逐一排查，确认故障点后排出故障；（2）记录排查过程		
5	设备验收	与机床操作者一同完成故障验收		
6	清理工作现场	（1）整理工具；（2）打扫工作现场卫生、设备卫生		
7	资料整理	（1）整理相关图纸；（2）整理维修记录		
8	项目移交	完成设备、资料交接		
审批（签字）：　　　　　　　　　　　　制表（签字）：				

实施过程

让我们抓紧时间工作吧!

1 分析机床电气控制原理

1.分析工作台快速进给运动控制原理

图3-25为X5032型立式铣床的电气控制原理图。该原理图由主轴正反转及主轴制动、进给运动、快速运动、冷却泵运行与机床照明等控制电路组成。

控制电路由控制变压器TC提供110 V的工作电压,FU4用于控制电路的短路保护。该电路的主轴制动、工作台常速进给和快速进给分别由控制电磁离合器YC1、YC2、YC3来完成,电磁离合器需要的直流工作电压是由变压器36 V交流电源及整流器VC来提供的,FU2、FU3分别用于交、直流电源的短路保护。

1)主轴电动机M1的控制

M1由交流接触器KM1控制,在机床的两个不同位置各安装了一套启动和停止按钮:SB2和SB6装在床身上,SB1和SB5装在升降台上。对M1的控制包括主轴的启动、制动、换刀制动和变速冲动。

(1)启动:

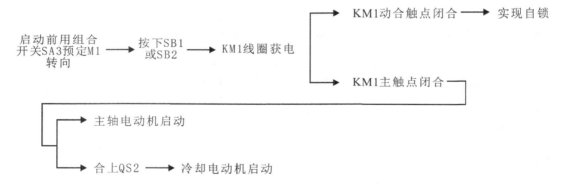

(2)停机与制动:

制动电磁离合器YC1装在主轴传动系统与M1转轴相连的传动轴上,当YC1通电吸合

时，将摩擦片压紧，对M1进行制动。停转时，应按住SB5或SB6直至主轴停转才能松开，一般主轴的制动时间不超过0.5 s。

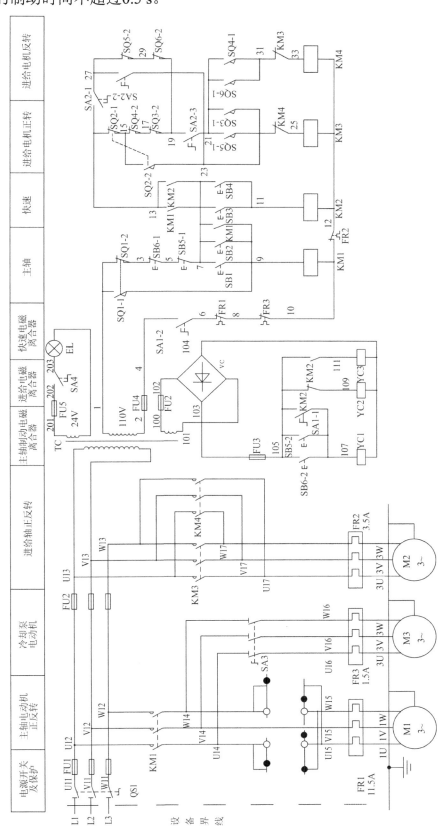

图3-25　X5032型立式铣床的电气控制原理

（3）主轴的变速冲动：主轴的变速是通过改变齿轮的传动比实现的。在需要变速时，将变速手柄拉出，转动变速盘调节所需的转速，然后再将变速手柄复位。

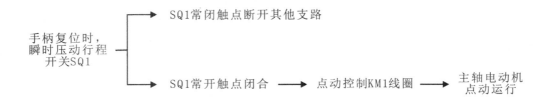

如果点动一次齿轮还不能啮合，可以重复进行上述动作。

（4）主轴换刀控制：在上刀或换刀时，主轴应处于制动状态，以避免发生事故。

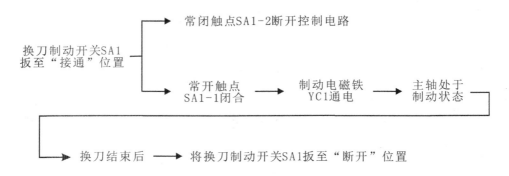

2）进给运动控制

工作台的进给运动分为工作进给和快速进给，工作进给必须在M1启动运行后才能进行，而快速进给因属于辅助运动，可以在M1不启动的情况下进行。工作台在6个方向上的进给运动是由机械操作手柄运动带动相关的行程开关SQ3～SQ6,并通过接触器KM3、KM4动作来实现控制进给电动机M2正反转的。行程开关SQ5和SQ6分别控制工作台的向右和向左运动，而SQ3和SQ4则分别控制工作台的向前、向下和向后、向上运动。进给拖动系统使用的两个电磁离合器YC2和YC3都安装在进给传动链中的传动轴上。当YC2吸合而YC3断开时，为工作进给；当YC3吸合而YC2断开时，为快速进给。

（1）工作台的纵向进给运动：

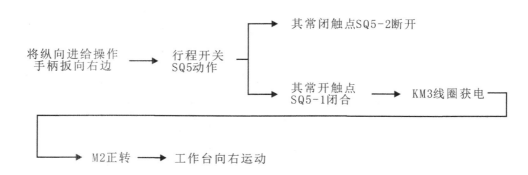

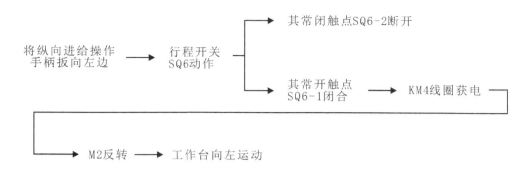

SA2为圆工作台控制开关，此时应处于"断开"位置，其3组触点状态为：SA2-1、SA2-3接通，SA2-2断开。

（2）工作台的垂直与横向进给运动：工作台垂直与横向进给运动由一个十字形手柄操纵，十字形手柄有上、下、前、后和中间5个位置。

将手柄扳至"向下"或"向上"位置时，分别压动行程开关SQ3和SQ4，控制M2正转和反转，并通过机械传动结构使工作台分别向下和向上运动；而当手柄扳至"向前"或"向后"位置时，虽然同样是压动行程开关SQ3和SQ4，但此时机械传动机构则使工作台分别向前和向后运动。当手柄在中间位置时，SQ3和SQ4均不动作。下面就以向上运动的操作为例分析电路的工作情况。

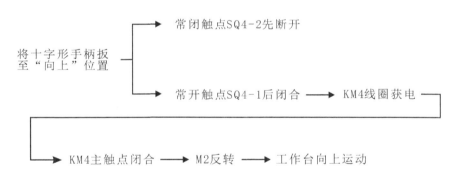

（3）进给变速运动：进给变速运动与主轴变速时一样，进给变速时也需要使M2瞬间点动一下，使齿轮易于啮合。

由KM3的通电路径可见，只有在进给操作手柄均处于零位，即SQ2～SQ6均不动作时，才能进行进给的变速冲动。

（4）工作台快速进给的操作：

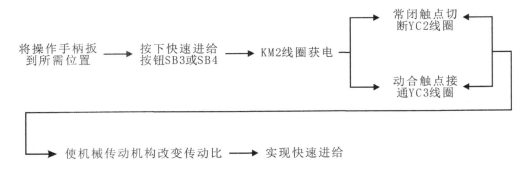

由于在KM1的常开触点（7—13）上并联了KM2的一个常开触点，所以在M1不启动的情况下，也可以进行快速进给。

3）圆工作台的控制

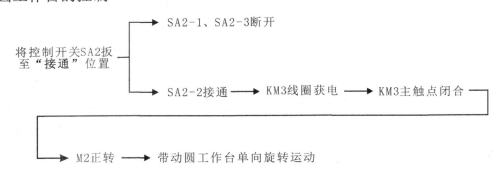

在需要加工弧形槽、弧形面和螺旋槽时，可以在工作台上加装圆工作台，圆工作台的回转运动也是由进给电动机M2来拖动的，但必须满足主轴电动机M1启动。

由KM3线圈的通电路径可见，只要扳动工作台进给操作的任何一个手柄，SQ3~SQ6其中一个行程开关的常闭触点就会断开，都会切断KM3线圈支路，使得工作台停止运动，从而保证了工作台的进给运动和圆工作台的旋转运动不会同时进行。

4）照明电路

照明灯EL由照明变压器TC提供24 V的工作电压，SA4为灯开关，FU5提供短路保护。

2.分析"维修申报书"中故障现象的描述

故障现象描述：X5032型立式铣床，给机床上电后，主轴启动正常，将进给操作手柄扳向任意方向，工作台常速进给正常，当按下快速控制按钮，工作台不能快速进给。

分析结果：（1）快速控制回路中存在故障。

（2）快速电磁离合器控制回路中存在故障。

3.列出可能存在故障的元器件及相关线路

通过前面两步的分析，可以列出所有可能导致故障的原因、故障回路，详见表3-13。

表3-13　故障原因列表

故障现象：x5032型立式铣床工作台不能快速进给	
故障原因	故障回路（元器件、线路线号）
快速控制回路故障	SB3、SB4、KM2线圈、KM2常开触点 （7—11—12—13）
快速电磁离合器控制回路故障	KM2常开触点、YC3 （105—111—104）

2 调查故障现场信息、确定故障范围

通过与操作人员配合，经过现场操作机床，将获取的现场故障信息填入表3-14。操作流程如图3-26所示，故障现场信息调查表如表3-14所示。

表3-14　故障现场信息调查表

步　骤	操作项目	机床状态（现象）	故障范围
1	合上电源开关QS1，按下SB1或SB2		
2	启动主轴后，将进给操作手柄扳向任意方向		
3	将进给操作手柄扳向任意方向，按下SB3或SB4		

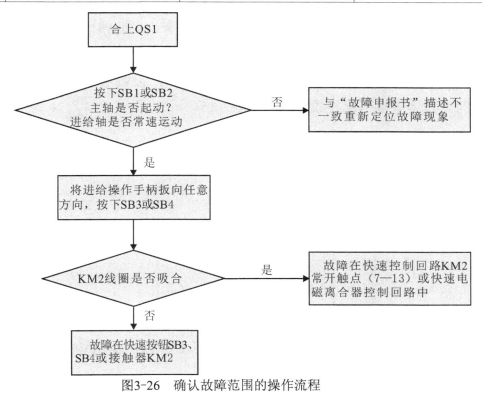

图3-26　确认故障范围的操作流程

3 排查故障

用短接法排查按如下流程进行故障排查，确定故障点后，进行排除。

知识链接

电路故障的检查方法——短接法

电路和电器的故障大致归纳为短路、过载、断路、接地、接地错误、电器的电磁及机械部分故障等六类。

诸类故障中出现较多的为断路故障，它包括导线断路、虚连、松动、触头接触不良、虚焊、假焊、熔断器熔断等。

对这类故障除用测量电阻法、测量电压法检查外，还有一种更为简单可靠的方法，就是短接法。方法是用一根绝缘良好的导线，将所怀疑的断路部位接起来，如短接到某处，电路工作恢复正常，说明该处断路。

知识链接

局部短接法检查方法和步骤

局部短接法如图3-27所示。当确定电路中的行程开关SQ和中间继电器常开触头KA闭合时，按下启动按钮SB1，接触器KM1不吸合，说明该电路有故障。检查时，可首先测量A、B两点电压，若电压正常，可将按钮SB1按住不放，分别短接1—3、3—5、5—7、7—9、9—11和B—2，当短接到某点，接触器吸合，说明故障就在这两点之间。具体短接部位及故障原因见表3-15。

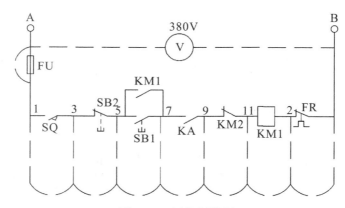

图3-27 局部短接法

表3-15 局部短接法短接部位及故障原因

故障原因	短接标号	接触器KM1的动作情况	故障点
按下启动按钮SB1，接触器KM1不吸合	B—2	KM1吸合	FR接触不良
	11—9	KM1吸合	KM2常闭触头接触不良
	9—7	KM1吸合	KA常开触头接触不良
	7—5	KM1吸合	SB1触头接触不良
	5—3	KM1吸合	SB2触头接触不良
	3—1	KM1吸合	SQ触头接触不良
	1—A	KM1吸合	熔断器FU接触不良或熔断

知 识 链 接

长短接法检查方法和步骤

长短接法如图3-28所示，是指依次短接两个或多个触头或线段，用来检查故障的方法。这样做既节约时间，又可弥补局部短接法的某些缺陷。例如，若两触头SQ和KA同时接触不良或导线断路，局部短接法检查电路故障的结果可能出现错误的判断，而用长短接法一次将1—11短接，如短接后接触器KM1吸合，说明1—11这段电路上一定有断路的地方，然后再用局部短接的方法来检查，就不会出现判断错误的现象。将长短接法故障原因记录在表3-16中。

长短接法的另一个作用是把故障点缩小到一个较小的范围之内。总之，应用短接法时可长短结合，加快排除故障的速度。

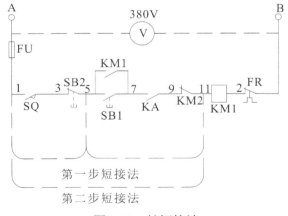

图3-28 长短接法

表3-16 长短接法短接部位及故障原因

故障原因	短接标号	接触器KM1的动作情况	故障点

 小提示

短接法注意事项

（1）应用短接法是用手拿着绝缘导线带电操作的，所以一定要注意安全，避免发生触电事故。

（2）应确认所检查的电路电压正常后，才能进行检查。

（3）短接法只适于电压降极小的导线、电流不大的触头之类的断路故障。对于电压降较大的电器，如线圈、绕组等断路故障，不得用短接法，否则就会出现短路故障。

（4）对于机电设备的某些要害部位，要慎重行事，必须保障电气设备或机械部位不出现事故的情况下才能使用短接法。

（5）在怀疑熔断器熔断或接触器的主触头断路时，先要估计一下电流，一般在5A以下时才能使用，否则容易产生较大的火花。

下面，让我们学习一下短接法的排查流程（如图2-29所示）。

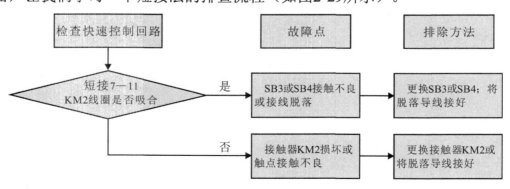

（a）短接法排查流程阶段1

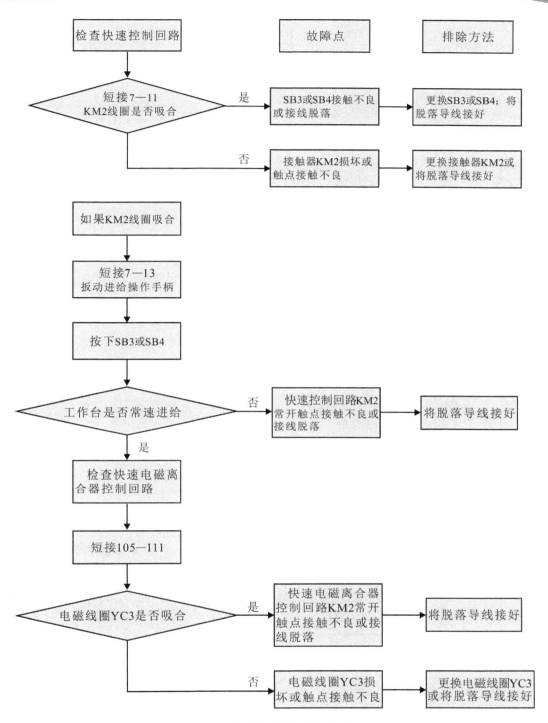

（b）短接法排查流程阶段2

图3-29　短接法排查流程

为便于检查，将检测结果记录于表3-17中。

表3-17　检查过程记录表

测量线路及状态	短接标号	检查结果
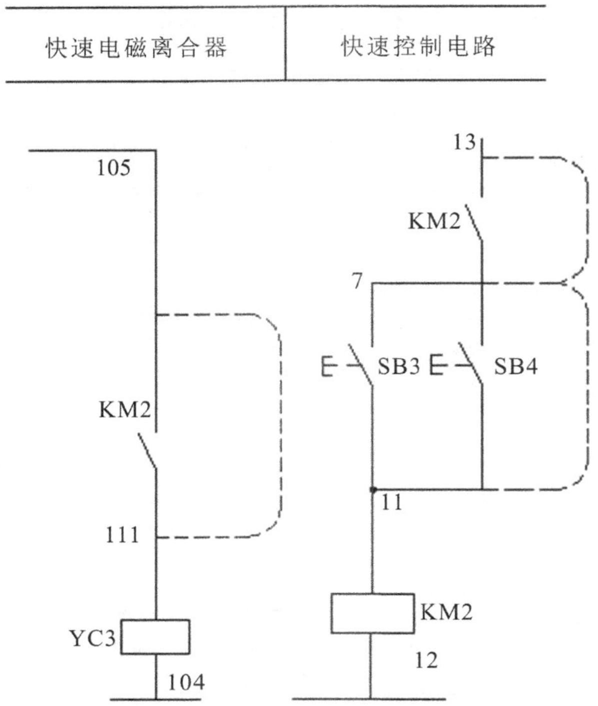 快速电磁离合器　　快速控制电路 	7—11	
	7—13	
	105—111	

4　填写"故障维修记录单"

故障维修记录单如表3-18所示。

表3-18　机加车间设备故障维修记录单

维修单号：＿＿＿＿＿＿＿＿＿＿

设备编号	设备名称	设备型号	维修人	维修时间

设备故障详情：

续表

故障排除情况：

	序　号	配件名称	规　格	价　格	备　注
维修更换配件	1				
	2				
	3				
	4				

项目检查与验收

故障排除后的机床电气功能验收可参照表3-19中的项目进行。

表3-19　设备通电调试验收记录表

设备名称				设备型号	
项　目		序号	操作内容	检查内容	检查结果
功能验收	试车准备	1	合上总电源开关	配电箱中是否有气味异常，若有应立即断电	
	主轴功能验收	2	将SA3打开"正转"位置，按下SB1或SB2	主轴是否正转	
		3	将SA3打开"反转"位置，按下SB1或SB2	主轴是否反转	
		4	主轴启动后，按下SB5或SB6	主轴是否停机并有制动过程	
		5	拉出变速手柄，旋动主轴变速盘，以较快速度将手柄推回原位	主轴是否能进行变速冲动	
		6	将换刀开关SA1扳到"接通"位置	主轴是否处于制动状态	
功能验收	冷却功能验收	7	旋转SA5至冷却泵开	冷却泵是否打开	
		8	旋转SA5至冷却泵关	冷却泵是否关闭	
	进给功能验收	9	主轴启动后，旋转进给变速盘，以较快速度将手柄推回原位	进给轴是否能进行变速冲动	
		10	扳动"上下前后进给操作手柄"向前	工作台是否向前移动	
		11	扳动"上下前后进给操作手柄"向后	工作台是否向后移动	
		12	扳动"上下前后进给操作手柄"向上	工作台是否向上移动	
		13	扳动"上下前后进给操作手柄"向下	工作台是否向下移动	
		14	扳动"左右进给操作手柄"向左	工作台是否向左移动	
		15	扳动"左右进给操作手柄"向右	工作台是否向右移动	
		16	进给操作手柄扳到相应进给方向，按住SB3或SB4	工作台是否能快速移动	
		17	主轴启动后，将开关SA2扳到"接通"位置	圆工作台是否单向旋转运动	

续表

项　目		序号	操作内容	检查内容	检查结果
功能验收	照明功能验收	18	旋转SA4至照明开	照明灯是否点亮	
		19	旋转SA4至照明关	照明灯是否熄灭	
维修人（签字）： 　　　　　　　　　年　月　日				操作人（签字）： 　　　　　　　　　年　月　日	

项目移交

填写"机加车间设备故障（事故）维修申报书（见表3-20）"

表3-20　机加车间设备故障（事故）维修申报书

操作者填写	设备编号	设备名称	设备型号	操作人姓名	班组组长
	故障（事故）申报时间：_____年_____月_____日				
	故障（事故）现象（故障详细信息）： 				
维修人员填写	故障（事故）判定、检测及维修方案： 负责人（签字）：				
	维修需更换部件明细（技术参数说明）： 负责人（签字）：				
设备员填写	外购件筹备情况（货到情况和日期）： 				
	事故设备"四不放过"实施和对操作人实施教育： 				
	通知生产及相关人员□　　　上报车间□　　　上报主管部门□				

续表

维修人员填写	故障（事故）设备维修方案实施情况及结果： 负责人（签字）：
修复日期：_____年_____月_____日	
维修费用：	
操作人（签字）：　　　　维修组（签字）：　　　　班组组长（签字）：	

工作小结

任务刚刚结束，赶紧做个小结吧！

 小提示

主要对工作过程中学到的知识、技能等进行总结！

这是我做的最骄傲的事！

这是我该反思的内容！

这是我要持续改进的内容！

拓展知识

本任务中的故障我已经会处理了！那其他故障怎么处理呢？

表3-21中列举了X5032型立式铣床常见的故障及处理方法。

表3-21　X5032型立式铣床常见的故障及处理方法

故障现象	故障原因	处理方法
主轴电动机不转动，伴有很响的"嗡嗡"声	主轴电动机缺相	用电压挡测量主轴电动机M1的主电路，及从QS1—电动机M1的接线盒，查得KM1主触点没有同时接通，修复或更换接触器
主轴电动机不能启动（以正向运行情况为例说明）	主电路部分的FU1熔断或电源变压器TC损坏，或是M1控制回路断开。所以一般原因为主电路中熔断器FU1熔断，KM1主触点卡阻无法吸合，热继电器FR1断相等	在判断没有短路情况下，按下KM1，如M1运行，则主电路正常。检查控制电路，按下SB1，KM1无法吸合，检查KM1线圈所在的回路以及连接导线，查寻按钮连线是否断开，如断开，按原位紧固即可
有制动，其他控制电路都不工作	FU4熔断，接触器KM1损坏，热继电器FR1、FR3过载保护动作等	首先检查变压器TC二次绕组电压是否为正常110V，则检查热继电器FR1、FR3过载保护是否动作，如果动作，进行复位即可；若变压器、热继电器都正常，可检查接触器KM1及其控制电路
照明灯EL不亮	灯泡损坏，FU5熔断，转换开关SA5或变压器24V输出存在故障	首先检查灯泡丝是否断；然后再逐个检查熔断器FU5是否完好；检查变压器TC二次绕组电压是否为正常24 V；然后再检查转换开关SA5是否损坏，如果损坏，更换转换开关，如元件正常，依次检查线路，直至故障排除
工作台不能作纵向进给运动	行程开关SQ2-1、SQ4-2、SQ3-2回路断开；转换开关SA2故障；SQ5-1、SQ6-1常开触点断路	先检查横向或垂直是否正常，如果正常，M2、主电路、KM3、KM4及纵向进给相关的公共支路都正常，检查SQ5-1、SQ6-1常开触点是否存在断路或损坏；行程开关SQ2-1、SQ4-2、SQ3-2回路是否断路故障；由于SQ2-1经常进给变速所以容易损坏

学习任务四

磨床电气控制系统的装调与维修

生活中我们经常会看到一些很漂亮的装饰品（如图4-1所示），如金属制品、水晶制品、玻璃制品，还有被人们广泛喜爱的玉石制品。

金属花瓶　　　　　　　　水晶莲花装饰　　　　　　　玉石手镯

图4-1　生活中常见的漂亮装饰品

那么，这些玉器是怎么制造出来的呢？图4-2列举了几种现代玉器加工设备。

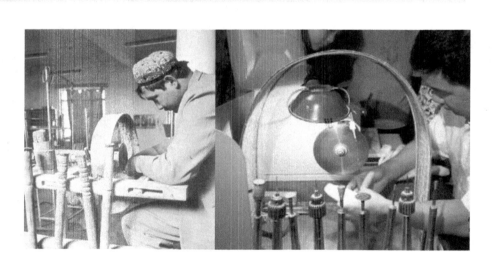

图4-2　现代玉器加工设备

中国明朝出版的《天工开物》是中国古代编著的世界上第一部关于农业和手工业生产的综合性著作，是一部百科全书式的书籍，外国学者称它为"中国17世纪的工艺百科全书"。作者在书中强调人类要和自然相协调，人力要与自然力相配合。《天工开物》是中国科技史料中保留最为丰富的一部著作，其中就记载了我国古代机床的雏形（如图4-3所示）。

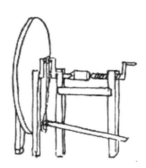

图4-3 古代机床的雏形

《天工开物》中记载了人用脚踏或利用水车为动力的方法使铁盘旋转，加上沙子和水剖切玉石。这就是古人用的磨床（如图4-4所示）。

（a）琢玉　　　　　　　　　　（b）《天工开物》中记载的磨床

图4-4 古人用的磨床

磨削是人类自古以来就知道的一种古老技术，旧石器时代，磨制石器用的就是这种技术。以后，随着金属器具的使用，促进了研磨技术的发展。

浙江大学教授柳志青、复旦大学教授陈宏京、南京大学教授徐士进三位学者曾应邀到萧山博物馆，帮助鉴定跨湖桥出土的文物。柳志青教授对一块砂岩石产生了浓厚兴趣，他肯定地说，这就是迄今发现的人类最早的磨床，与两河流域发现的人类最早的车床一样，揭示了人类工业的起源。

专家们认为，跨湖桥出土的这块砂岩石，是一块圆形砂轮的碎块。如果复原的话，直径有25～30 cm，中间有孔洞，它可以通过转动来磨制箭镞、石锛等工具。跨湖桥遗址距今有7000～8000年，那时的人类就懂得了制造砂轮、轴承、支架、摇柄等的复杂工艺，真是令人感到不可思议。考古学家们在研究原始人类所使用的箭镞的时候，对箭镞脊线上有"过桥"的痕迹百思不得其解。因为只有机械加工才有可能产生"过桥"的现象。有了跨湖桥的磨床，这个疑问就迎刃而解了。

但是，设计出名副其实的磨削机械还是近代的事情，即使在19世纪初期，人们依然是通过旋转天然磨石，让它接触加工物体进行磨削加工的。

1864年，美国制成了世界上第一台磨床，这也是具有现代工业加工意义的磨床，其结构是在车床的溜板刀架上装上砂轮，并且使它具有自动传送的一种装置。过了12年以后，美国的布朗发明了接近现代磨床的万能磨床。

砂轮诞生（1892年）后，人造磨石的需求也随之兴起。如何研制出比天然磨石更耐磨的磨石呢？1892年，美国人艾奇逊试制成功了用焦炭和砂制成的碳化硅，这是一种现称为C磨料（黑色碳化硅）的人造磨石；两年以后，以氧化铝为主要成份的A磨料（棕刚玉）又试制成功，这样，磨床便得到了更广泛的应用。

以后，由于轴承、导轨部分的进一步改进，磨床的精度越来越高，并且向专业化方向发展，出现了内圆磨床、平面磨床、齿轮磨床、万能磨床、工具磨床等。

磨削加工能加工硬度较高的材料，如淬硬钢、硬质合金等；也能加工脆性材料，如玻璃、花岗石。磨削能作高精度和表面粗糙度很小的磨削，也能进行高效率的磨削，如强力磨削等。

下面是我们在学习过程中或工业产品上可能看到的一些需要磨削加工制造的零部件或产品（如图4-5和图4-6所示）：

图4-5　机床刀具和刀片

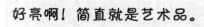

好亮啊！简直就是艺术品。

轴承 　　　　　　　　　　　　　　　滚珠丝杠

图4-6　机床上常用的磨削加工的零部件

原来磨削加工这么厉害？都"四高"了（高精度、高光洁度、高硬度、高脆性）。我们开始学习吧！LET'S GO！

CHILL OUT！CHILL OUT！这才刚开始而已。别忘了我们的专业。

对对对，作为电气设备维修人员，设备的维修才是我的事业。但是，对于磨床，工厂中的我们都需要干些什么呢？

学习建议

无穷知识尽在手中

请大家自己上网查询学习磨床维修知识，并回答以上问题。

那我到底怎么才能做好这些呢？

机床电气控制系统的装 调 与 维 修

项目1 M7130平面磨床电气控制系统的安装与调试

任务描述

我们先来了解一下任务吧！

机械工程系机械加工车间有一台M7130平面磨床（如图4-7所示）由于长期没有进行保养，加之生产环境较差，导致电气线路提前老化，根据我院实际情况，机械系向我系提出协助其完成对该机床电气控制线路重新安装的请求。

图4-7 平面磨床

根据这一情况，由电气设备维修专业同学按机床电气控制系统工艺文件的编制方法绘制电器元件布置图、电气接线图，按机床电气控制线路安装规程完成电气线路的安装。线路安装完成后，同学们完成对线路自检后，由专业教师对线路进行检查验收。工作时间40 h。

 小提示

下发和接受任务时，一定要记得签领派工单（见表4-1）哦！

表4-1　派工单

派 工 单					
工作地点	机械加工车间	工　时	40 h	任务接受人	×××
派工人	×××	派工时间	×年×月×日	完 成 时 间	
技术标准	GB 15760—2004《金属切削机床安全防护通用技术条件》 GB/T 5226.1—1996《工业机械电气设备第1部分通用技术条件》 GB 50171—92《电气装置安装工程 盘、柜及二次回路结线施工及验收规范》 GB 7251—1997《低压成套开关设备和控制设备》 GB 2681—81《电工成套装置中的导线颜色》 GB/T 2682—1981《电工成套装置中的指示灯和按钮的颜色》				
工作内容	根据附件提供的资源，完成M7130型平面磨床电气控制线路的安装、调试，功能验收合格后，交付生产部负责人				
其他附件	M7130型平面磨床电气原理图，1套				
任务要求	（1）工作时间40 h； （2）工作现场管理按"6S"标准执行				
验收结果	操作者自检结果： 　　□合格　　　□不合格 签名： 　　　　　年　　月　　日		检验员检验结果： 　　□合格　　　□不合格 签名： 　　　　　年　　月　　日		

背景知识储备

看看我们的工作环境吧（如图4-8所示）！

推行"6S"管理，让我们的工作环境更整齐、清洁！

图4-8　磨床工作现场图

1. M7130平面磨床型号的含义

我们来搜集一下可能会用到的信息吧！

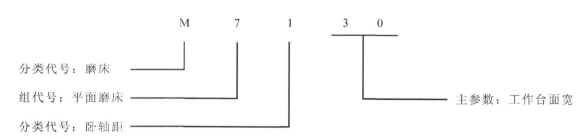

2. M7130平面磨床的结构

　　M7130平面磨床的结构如图4-9所示，它主要由床身、工作台、电磁吸盘、砂轮架、滑座及立柱等部分组成。床身中装有液压系统，立柱固定在床身上，滑座安装在立柱的垂直导轨上，在滑座的水平导轨上安装砂轮架，砂轮架由装入式电动机直接拖动，工作台上有T形槽，用来安装电磁吸盘或直接安装大型工件。

图4-9　M7130平面磨床外观结构图

3. M7130平面磨床的运动特点

图4-10为M7130平面磨床运动示意图。平面磨床的主运动为砂轮的旋转运动。

平面磨床的进给运动有：工作台带动工件的纵向往返进给，砂轮架间断性的横向进给，以及砂轮架连同滑座沿立柱垂直导轨间断性的垂直进给。工作台每完成一次往返进给运动，砂轮架做一次间歇性的横向进给。当加工完整个平面后，砂轮架做一次间断性的垂直进给。

平面磨床的辅助运动有：砂轮架在滑座的水平导轨上做快速横向移动，滑座在立柱的垂直导轨上做快速垂直移动等。

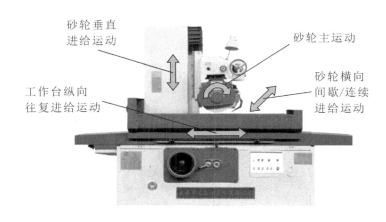

图4-10　M7130平面磨床运动示意图

4. 对电力拖动与控制的要求

（1）为使砂轮有较高的转速，砂轮电动机采用两极（理想空载转速为3000 r/min）的笼型异步电动机拖动。砂轮电动机只要求单向运行且不需要调速。

（2）液压系统专门用一台液压泵电动机拖动，只要求单向运行。

（3）磨削加工中温度高，为减少工件的热变形，必须使工件得到充分的冷却，同时在加工中也应及时冲走磨屑和砂粒，以保证磨削精度，所以必须有一台冷却泵电动机。

（4）冷却泵电动机应随砂轮电动机的启动而启动，若加工中不需要切削液，可单独关断冷却泵电动机。

（5）为了使工件在加工中发热能自由伸缩，同时也为了方便小工件的加工，平面磨床则采用电磁吸盘来吸持工件。

（6）在正常加工中，若电磁吸盘吸力不足或消失，砂轮电动机与液压泵电动机应立即停止工作，以防止工件被砂轮打飞而发生人身和设备事故。不加工时，在电磁吸盘不工作的情况下，允许砂轮电动机与液压泵电动机工作，以便调整磨床。

（7）电磁吸盘应具有吸牢工件的正向励磁、松开工件的断开励磁以及为抵消剩磁便于取下工件的反向励磁环节。

（8）磨削加工应具有完善的保护环节、工件退磁环节和安全照明电路。

学习建议

无穷知识尽在手中

请大家自己上网查询磨削知识，了解磨床的历史、分类等信息，并根据图4-11中展示的各种磨床，将其特点、加工范围等信息记录在图对应的空白处。

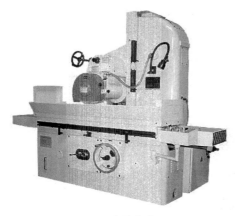

（a）平面磨床

平面磨床

基本信息

（b）内圆磨床

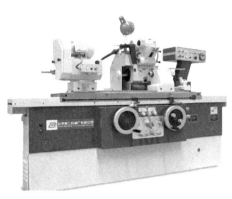

（c）外圆磨床

（d）齿轮磨床

内圆磨床

基本信息

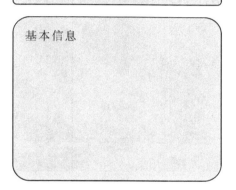

外圆磨床

基本信息

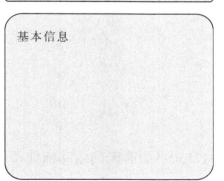

平面磨床

基本信息

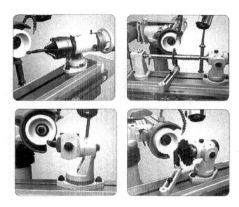

（e）工具磨床

（f）螺纹磨床

图4-11　各种类磨床及其基本信息

内圆磨床

基本信息

外圆磨床

基本信息

1.M7130平面磨床的运动部件都有哪些？

2.M7130平面磨床的运动部件都是怎么驱动的？

制定工作计划和方案

高效的团队总是从计划开始的！

　　工作计划对工作既有指导作用，又有推动作用，好的工作计划，是建立正常的工作秩序，提高工作效率的重要前提。根据派工单的要求，现让我们开始制定工作计划吧（见表4-2）。

表4-2　工作计划表

M7130平面磨床电气控制系统的安装与调试　项目实施计划			
序　号	任务内容	工作时间/h	备　注
审批（签字）：		制表（签字）：	

实施过程

基础决定高度，细节决定成败。

1 电气图纸分析及绘制

根据派工单附件所提供的M7130平面磨床电气原理图（如图4-13所示），在图中主要执行元件有四个，分别是：砂轮电动机、冷却电动机、油泵电动机和电磁吸盘。

机床各回路均采用熔断器做为短路保护装置，主回路采用热继电器做过载保护装置，其中砂轮电动机和冷却电动机共用一个热继电器做过载保护。

电磁吸盘电源为直流电源，由变压器和整流电路为其提供电源。

==，图中的KA是"神马"啊？我不认识。还有电磁吸盘是怎么工作的啊？我需要学学。

知 识 链 接

欠电流继电器

欠电流继电器实物如图4-12所示

欠电流继电器具有欠电流保护作用，保护输出类型为继电器式。能自动捕捉被测电流的最大值和最小值并显示。

当检测的电流大于欠电流设定值时，欠电流输出继电器吸合，否则输出继电器释放。欠电流设定值通过面板按键设置，设置范围为测量范围，控制精度高。面板有欠电流指示灯，内部有报警蜂鸣器。

通用型

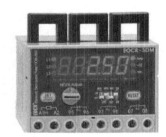
数字型

磨床专用

图4-12 欠电流继电器实物图

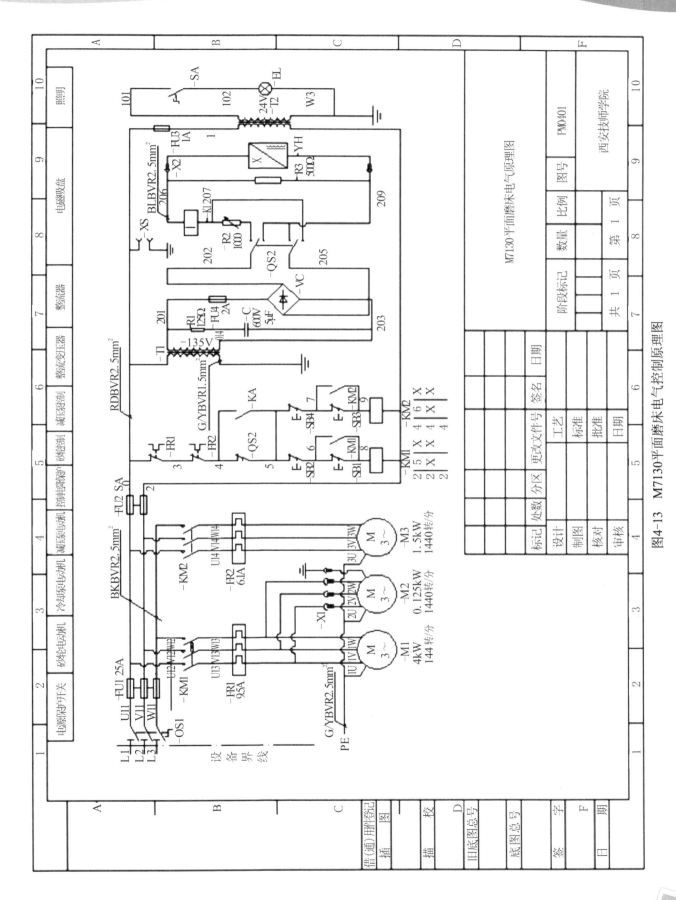

图4-13 M7130平面磨床电气控制原理图

知识链接

电磁吸盘

电磁吸盘外形有长方形和圆形两种。矩形平面磨床采用长方形电磁吸盘如图4-14所示。电磁吸盘结构与工作原理如图4-15所示。

图4-15中1为钢制吸盘体，在它的中部凸起的芯体A上绕有线圈2，钢制盖板3被隔磁层4隔开。在线圈2中通入直流电流，芯体将被磁化，磁力线经由盖板、工件、吸盘体、芯体闭合，将工件5牢牢吸住。盖板中的隔磁层由铅、铜、黄铜及巴氏合金等非磁性材料制成，其作用是使磁力线通过工件再回到吸盘体。不直接通过盖板闭合，以增强对工件的吸持力。

电磁吸盘与机械夹紧装置相比，具有夹紧迅速，不损伤工件，能同时吸持多个小工件等优点；在加工过程中，具有工件发热可自由延伸，加工精度高等优点。但也存在夹紧力不及机械夹紧，调节不便，需用直流电源供电，不能吸持非磁线性材料工件等缺点。

图4-14 电磁吸盘实物图

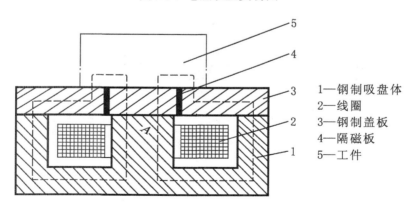

1—钢制吸盘体
2—线圈
3—钢制盖板
4—隔磁板
5—工件

图4-15 电磁吸盘原理图

1.常用电磁吸盘型号有哪些？

2.电磁吸盘X11 300×680是什么意思？

电磁吸盘充磁/去磁控制线路

电磁吸盘控制线路图如图4-16所示。

电磁吸盘的充磁、去磁是通过旋钮开关QS2转换至"充磁"或"去磁"的位置来进行控制的。

合上电源开关，220 V交流电压加在电磁吸盘电源变压器TC的初级绕组上，经降压后，在次级绕组上提供145 V的交流电压，经整流器VD整流提供130 V左右的直流电压。

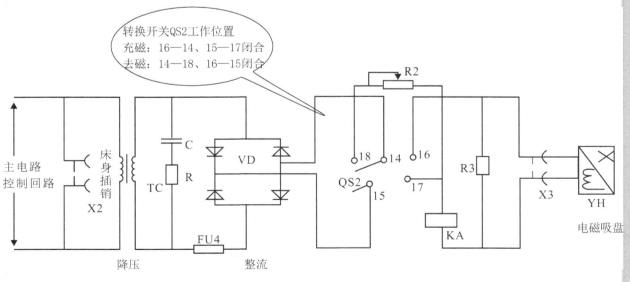

图4-16　电磁吸盘控制线路图

图4-17为电磁吸盘充磁原理图。当加工工件过程中对电磁吸盘YH进行充磁时，将旋钮开关QS2扳向"充磁"位置即16—14 15—17闭合，电磁吸盘YH充磁，其充磁通路为

VD的正极→15→17→KA线圈→YH线圈→16→14→VD的负极

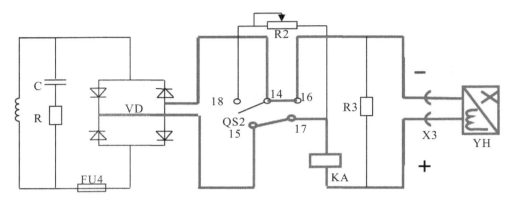

图4-17　电磁吸盘充磁原理图

此时电磁吸盘YH将工件牢牢吸合在工作台上，并且通过欠电流继电器KA线圈的电流正常，图中的欠电流继电器KA的常开触点闭合后各电动机启动运转对工件进行加工磨削。

图4-18为电磁吸盘去磁原理图。当工件加工完毕，工件台需要去磁时，将旋钮开关QS2转换至"去磁"位置，电磁吸盘YH进行去磁。去磁通路为

VD的正极→15→16→YH线圈→KA线圈→R2→18→14→VD负极

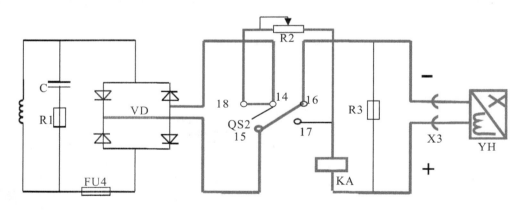

图4-18　电磁吸盘去磁原理图

当工件加工完毕，在切断机床电源时，由于电磁吸盘YH大电感的作用，在切断电源的瞬间，会产生较高的感应电动势，所以并接在电磁吸盘YH线圈两端的电阻R3为其放电吸收通路，电容器C和电阻R1为整流器的过电压吸收装置，电阻R2为去磁时的限流电阻。

若由于某种原因，电磁吸盘YH线圈发生故障，如线圈断路、整流器VD损坏等造成充磁回路中电流不足，欠电流继电器KA线圈不能吸合，砂轮及液压站启动控制线路中的KA常开触点不能闭合。如果此时需要强行启动机床，则可以将旋钮开关QS2扳到"去磁"位置，此时QS2将3和4触点连接，使各电动机能启动。图4-19为机床强制启动线路图。

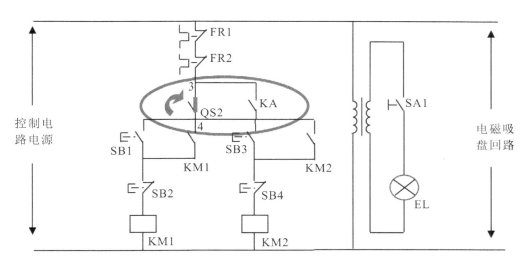

图4-19　机床强制启动线路图

通过对M7130平面磨床电气原理图的分析填空。

（1）砂轮电机控制分析：

条件：QS2置在_____处，QS2状态为：_____或 QS2置在_____处，QS2状态为：_____且充磁电流够使欠流继电器KA触点闭合；

启动：SB1按下→_____→_____→_____→_____→_____→_____→_____→_____→_____→_____→_____；

停止：SB2 按下 →_____。

（2）冷却泵电机控制分析：

条件：QS2置在去磁处，QS2状态为：_____；

或QS2置在充磁处，QS2状态为：_____；

且充磁电路够大使欠流继电器KA_____闭合；

启动：SB3按下→_____→_____→_____→_____→_____→_____→_____→_____→_____→_____→_____；

停止：SB5按下 →_____。

（3）照明电路控制分析：SA _____ → _____ → _____ → _____ 。

（4）电磁吸盘电路控制分析：

整流装置：包括 _____ 和 _____ ；（提供直流电源）

转换开关（QS2）去磁档：（QS2 _____ 触点闭合，QS2 _____ 触点闭合，QS2 _____ 触点闭合，去磁电流与充磁电流方向相 _____ ，电流 _____ 充磁电流；

放松档： _____ 所有触点都断开；

充磁档：QS2 _____ 断开，QS2 _____ 闭合，QS2 _____ 闭合；

保护装置：

欠电流路保护：采用 _____ 实现；

短路保护：采用 _____ 实现；

整流装置过压保护：包括 _____ 和 _____ 。

2 元器件及耗材准备

1. 准备电器元件

按照M7130平面磨床电气原理图列出的电气元件明细表（见表4-3），工具明细表（见表4-4）、部分材料清单（见表4-5）。

表4-3　电器元件明细表

序 号	名称及用途	规格及型号	数 量

表4-4　工具清单

序　号	工具名称	型号规格	数　量	备　注

表4-5　材料明细表

序　号	名称及用途	规格及型号	数　量

2. 检测电器元件质量

领取完成后将元件进行检查，并在表4-6中做好记录。

表4-6　元器件检查记录表

型号：X11 300×680		检测项目：电磁吸盘检测		
测量位置	万用表挡位	测量值	参考值
检测线圈两端	Ω挡，×2k		74 Ω

型号：JZ3-3		检测项目：欠电流继电器线圈检测		
测量位置	万用表挡位	测量值	参考值
检测线圈两端	Ω挡，×2k		450 Ω

检测项目：欠电流继电器触点检测			
测量位置	万用表挡位	测量值	参考值
检测常开触点两端	Ω挡，×2k		∞
检测常闭触点两端	Ω挡，×200		1 Ω

 **3 安装电器元件**

1. 绘制电器元件布置图

根据M7130平面磨床电气原理图及机床电气柜情况绘制元器件布置图。

学习建议

无穷知识尽在手中

请大家回顾布置图绘制标准，再进行此任务。

拿出我的成果闪亮你的眼

根据M7130平面磨床电气原理图及机床电气柜情况绘制元器件布置图于下图框内（如图4-20所示）。

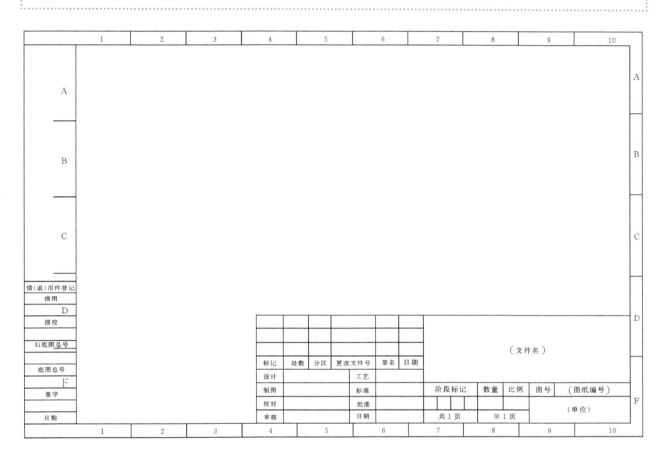

图4-20　元器件布置图

2. 安装电器元件

设计工艺卡内容并按照配电盘工艺卡安装流程完成M7130平面磨床电器元件安装。表4-7为电气装配工艺卡。

表4-7　电气装配工艺卡

×××××××××工艺文件				产品型号	M7130
				产品名称	平面磨床
电气装配工艺卡片	第　页	共　页		图　号	DZ4-01
				名　称	电器元件安装

序号	工序名称	工序内容	工艺要求

工　具			岗　位	装配
辅助材料			工　时	
			设　计		描　图	
			审　核		描　校	
			批　准		底图号	
标记	处数	更改文件号	签字	日期	标准化		装订号	

3.根据工艺卡内容进行电器元件安装

电器元件安装工艺标准

工艺标准可根据GB 7251—1997、GB 2681—81、GB/T 2682—1981、GB/T 5226.1—1996、GB 50171—92制定。

（1）根据电气原理图中的底板布置图量好线槽与导轨的长度，用相应工具截断。（注：线槽、导轨断缝应平直。）

（2）两根线槽如果搭在一起，其中一根线槽的一端应切成45°斜角。

（3）用手电钻在线槽、导轨的两端打固定孔（用∅4.2钻头）。

（4）将线槽、导轨按照电气底板布置图放置在电气底板上，用黑色记号笔将定位孔的位置画在电气底板上。

（5）先在电气底板上用样冲敲样冲眼，然后用手电钻在样冲眼上打孔（用∅4.2钻头）。

（6）用M4螺钉、螺母将线槽、导轨固定在电气底板上。

（7）低压电器元件（微型空开、继电器、接触器、信号线端子、动力电源端子等）应按照电气原理图中的底板布置图安装在导轨上。

（8）不需要导轨安装的电器元件都要进行打孔、攻丝（用∅2.5钻头打孔，然后用M3的丝锥攻丝）再直接安装于电气安装底板上。

（9）电器元件的安装方式符合该元件的产品说明书的安装规定，以保证电器元件的正常工作条件，在柜内的布局应遵从整体的美观，元件的布置应讲究横平竖直原则，整齐排列。

（10）所有元件的安装应紧固，保证不会因运输震动使元件受损，对某些有防震要求的元件应采取相应的防震方式处理。

（11）元件安装位置附近均需贴有与接线图对应的表示该元件种类代号的标签，标签采用电脑印字机打印。

（12）柜底侧安装接地铜排，并粘贴明显的接地标识牌。

4 安装电气控制线路

1.绘制电气接线图

根据M7130平面磨床电气原理图及电器元件布置图绘制柜内及柜外电气接线图（如图4-21和图4-22所示）。

无穷知识尽在手中

请大家回顾电气接线图绘制标准，再进行此任务。

闪亮你的眼睛

拿出我的成果闪亮你的眼

根据M7130平面磨床电气原理图、元器件布置图及机床电气柜情况，在图4-21中绘制柜内电气接线图，在如图4-22中绘制柜外电气接线图。

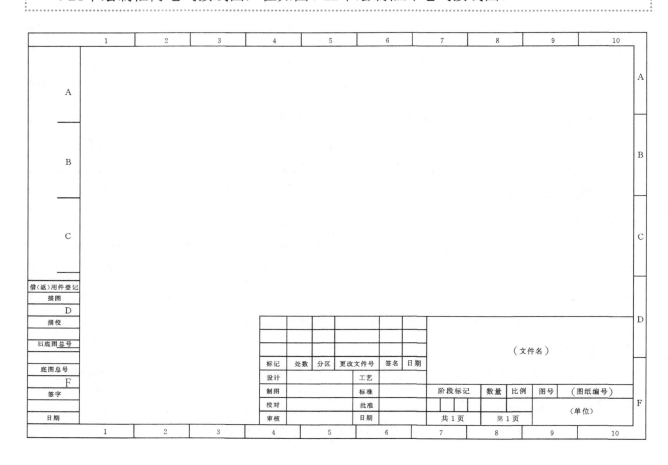

图4-21　柜内电气接线图

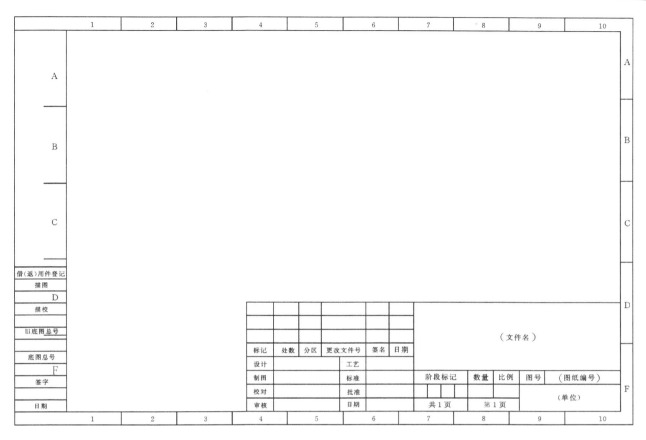

图4-22　柜外电气接线图

2. 安装电气控制线路

根据工艺要求设计工艺卡（见表4-8）并完成M7130平面磨床电气控制线路安装。

表4-8　电气装配工艺卡片

×××××××××工艺文件			产品型号	M7130
			产品名称	平面磨床
电气装配工艺卡片	共　页	第　页	图　　号	DZ4-02
			名　　称	电器线路安装

序号	工序名称	工序内容	工艺要求

续表

工　具						岗　位	装配
辅助材料						工　时	
				设　计		描　图	
				审　核		描　校	
				批　准		底图号	
标记	处数	更改文件号	签字	日期	标准化	装订号	

知 识 链 接

电气控制线路安装工艺标准

本工艺标准根据GB 7251—1997、GB 2681—81、GB/T 2682—1981、GB/T 5226.1—1996、GB 50171—92制定。

（1）基本要求：按图施工、正确连线。

（2）线束应横平竖直，层次分明，整齐美观，配置坚牢。

（3）同一批次的设备中，相同元件走线方式应一致。

（4）所配导线的端部均应标明其线路编号，字迹清晰工整且不易脱色，符合设计要求。

（5）所配导线均应采用铜芯绝缘导线；连接件均应采用铜质制品；绝缘件应采用自熄性阻燃材料，绝缘符合要求。

（6）导线与电器元件间的连接（包括螺栓连接、插接、焊接等）均应牢固可靠。螺丝连接时，弯线方向应与螺丝前进的方向一致。

（7）所配导线的端部应绞紧，并压接终端附件（如预绝缘管状端头）或搪锡，不得松散、断股。

（8）每个电器元件的接点最多允许接2根线。

（9）导线截面应与接线端子相匹配，每个接线端子的每侧接线宜为1根，不得超过2根。特殊情况时如果必须接两根导线，则连接必须可靠。

（10）所有导线中间不应有接头，导线至接线端子处要留有两次以上剥线端重压的裕量。

（11）用于连接柜门上的电器、控制台板等可动部位的导线应采用多股软导线，敷设长度应有适当裕度，线束应有外套塑料管等加强绝缘层，在可动部位两端应用卡子固定。

（12）导线经过隔板时要加绝缘护套。

（13）导线线径符合设计要求，电流回路应采用电压不低于500 V的铜芯绝缘导线，其截面不应小于2.5 mm²；其他回路截面不应小于1 mm²；对电子元件回路、弱电回路采用锡焊连接时，在满足载流量和电压降及有足够机械强度的情况下，可采用不小于0.5 mm²截面的绝缘导线。

（14）保护接地线不小于2.5 mm²。

（15）导线间和导线对地间的绝缘电阻值必须大于1 MΩ。

（16）柜底侧安装接地铜排，并粘贴明显的接地标识牌。

5 通电前的电气控制线路检查

装配人员在装配完毕后应自检，自检要求：

（1）认真对照电气原理图、接线图，同时按照上述几项的相关要求对设备进行自检，若有不符之处，进行纠正。无误后将柜内清洁打扫干净。

（2）测试设备绝缘是否合格，并填写相关记录表格（见表4-9）。

（3）所有项目检查合格后交项目组进行调试工作。

表4-9　设备通电前电气安装检查记录表

设备名称			设备型号		检查时间		
内容		序号	检查项目				检查人
安装工艺检查	元件安装工艺规范	1	元器件安装整齐并且牢固可靠			□	
		2	按钮、信号灯颜色正确			□	
		3	元器件接线端子、接点等带电裸露点之间间隔或与外壳、接点之间间隔符合要求			□	
		4	各元器件符号贴标位置正确			□	

续表

内容		序号	检查项目		检查人
安装工艺检查	线路安装工艺规范	5	导线选择是否正确： 颜色 □　规格 □　材质 □　类型 □		
		6	导线连接工艺是否合格： 压接牢靠 □　漏铜 □　导线入槽 □　毛刺 □ 冷压端子 □　线号 □　端子线数 □　接头 □		
		7	穿线困难的管道，是否增添备用线	□	
		8	铺设导线，无穿线管采用尼龙扎带扎接	□	
		9	插头座焊接引出线是否套入绝缘线号套管	□	
		10	保护接零检查	□	
线路检查	短路检查	11	主电路相线间短路检查	□	
		12	交流控制电路相线间短路检查	□	
		13	直流控制电路相线间短路检查	□	
		14	相线与地线间短路检查	□	
	断路检查	15	砂轮主电路检查	□	
		16	冷却泵主电路检查	□	
		17	液压泵主电路检查	□	
		18	电磁吸盘电源电路检查	□	
		19	电磁吸盘电路"充磁"控制电路检查	□	
		20	电磁吸盘电路"去磁"控制电路检查	□	
		21	液压泵控制电路检查	□	
		22	砂轮控制电路检查	□	
		23	照明线路检查	□	

说明：

（1）本表适用于设备通电前检查记录时使用。

（2）表中检查项目结束且正常项在对应"□"划"√"；未检查项不做标记，待下一步继续检查；非正常项在对应"□"划"×"

项目检查与验收

请根据以下记录表对设备进行调试与验收并认真填写。详见表4-10。

表4-10 设备通电调试验收记录表

设备名称			设备型号		
项　目	序号	检查内容			检查结果
通电前准备	1	《设备通电前电气安装检查记录表》中所有项目已检查			
	2	所有电动机轴端与机床机械部件已分离			
	3	所有开关、熔断器都处于断开状态			
	4	检查所有熔断器、热继电器电流调定符合设计要求			
	5	连接设备电源后检查电压值应在380 V±10%范围内			
项　目	序号	操作内容		检查内容	检查结果
功能验收	试车准备	1	合上总电源开关	配电箱中是否有气味异常，若有应立即断电	
	电磁吸盘功能验收	2	QS2旋转至充磁位置	电磁吸盘是否充磁完成	
		3	QS2旋转至去磁位置	电磁吸盘是否去磁完成	
	滑台功能验收	4	QS2旋转至充磁位置按下SB3	滑台是否运动	
		5	QS2旋转至充磁位置按下SB1	砂轮是否转动且方向正确	
		6	QS2旋转至去磁位置按下SB1	冷却泵是否启动	
	辅助功能验收	7	旋转SA至照明开	照明灯是否点亮	
		8	旋转SA至照明关	照明灯是否熄灭	
操作人（签字）：　　　　　　　年　　月　　日			检查人（签字）：　　　　　　　年　　月　　日		

项目移交

让我检查一下，合格就给你签字！

我来交工了！

接收人认真检查设备并在设备移交单（见表4-11）上签字

表4-11　设备移交单

设备名称	平面磨床		设备型号	M7130
一、主机及装在主机上的附件				
序　号	名　称	规　格	数　量	备　注
1	平面磨床	M7130	1台	
二、技术文件				
1	电气原理图		1张	
2	电器元件布置图		2张	
3	电气接线图		1张	
4	电气控制线路安装工艺卡		1套	
5	电器元件明细表		1张	
6	工具清单		1张	
7	材料明细表		1张	
8	设备通电前电气安装检查记录表		1张	
9	设备通电调试验收记录表		1张	
10	派工单		1张	
操作人（签字）： 　年　　月　　日		派工人（签字）： 　年　　月　　日		接收人（签字）： 　年　　月　　日

工作小结

任务刚刚结束，赶紧做个小结吧！

小·提示

主要对工作过程中学到的知识、技能等进行总结！

这里我应该能
够做得更好！

这样做，结果
会更好。

项目2 M1432A万能外圆磨床无法运转的故障诊断与维修

任务描述

上一任务我表现还不够完美，这一次我一定好好把握！

　　某厂生产车间有一台M1432A万能外圆磨床（如图4-23所示）在加工时突然停机，之后出现所有电机都无法启动的故障，操作者立即将此情况上报设备维修组，维修班长立即下发维修任务单给维修人员，查看该机床，对此机床故障进行详细诊断，并排除故障，使机床恢复生产。工作过程需按"6S"现场管理标准进行。维修申报书（见表4-12）如下：

接受任务时，一定要记得看一下工作对象哦！

图4-23　机械加工生产车间M1432A万能外圆磨床

表4-12　机加车间设备故障（事故）维修申报书

<table>
<tr><td rowspan="5">操作人填写</td><td>设备编号</td><td>设备名称</td><td>设备型号</td><td>操作人姓名</td><td>班组组长</td></tr>
<tr><td>XD124103</td><td>万能外圆磨床</td><td>M1432A</td><td>李刚</td><td>张麒</td></tr>
<tr><td colspan="5">故障（事故）申报时间：__2012__年__12__月__04__日</td></tr>
<tr><td colspan="5">故障（事故）现象（故障详细信息）：
M1432A万能外圆磨床，所有电动机无法启动运行。</td></tr>
</table>

维修人员填写	维修方案实施情况及结果： 　　　　　　　　　　　　　　　　　　　　　　　维修人（签字）： 维修性质： 　□设计不良　□制造不良　　□维修不良　□操作不当　□保养不良 　□超负荷　　□电气元件不良　□安装不良　□零件不良　□零件老化 　□润滑不良　□精度不够　　□原因不明　□其他_____

续表

设备员填写	维修需更换部件明细（技术参数说明）、费用：（可附清单）	
	□ 故障已排除 □ 故障未排除	未修复原因：
	外购件筹备情况（货到情况和日期）：	
	事故设备"四不放过"实施和对操作人实施教育： 设备员（签字）：	
	□ 通知生产及相关人员　　□ 上报车间　　□ 上报主管部门	
修复日期：_____年_____月_____日		
操作人（签字）：	维修人（签字）：	班组组长（签字）：

背景知识储备

M1432A万能外圆磨床是应用最普遍的一种外圆磨床，除了能磨削外圆柱面和圆锥面外，还可磨削内孔和台阶面等。M1432A万能外圆磨床主要用于磨削IT7~IT6级精度的圆柱形或圆锥形的外圆和内孔，R_a值在1.25~0.08 μm之间。

1. M1432A万能外圆磨床型号的含义

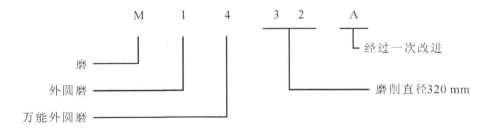

2. M1432A万能外圆磨床的结构

M1432A万能外圆磨床（如图4-24所示）由床身、砂轮架、内圆磨具、头架、尾座、工作台、横向进给机构、液压传动装置和冷却装置等组成。

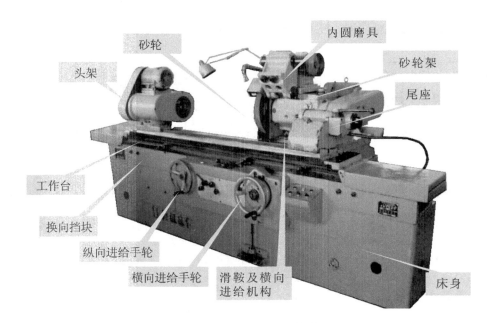

图4-24 M1432A万能外圆磨床外观结构图

3. M1432A万能外圆磨床的运动特点

M1432A万能外圆磨床运动示意图如图4-25所示。

M1432A万能外圆磨床主运动有：外圆磨削砂轮的旋转运动和内圆磨具旋转运动。

M1432A万能外圆磨床的进给运动有：工作台带动工件的纵向进给，砂轮架的横向进给。

M1432A万能外圆磨床的辅助运动有：砂轮架在滑座的水平导轨上作快速横向移动，卡盘（鸡心卡和顶尖）带动工件的旋转运动及顶尖的快速顶紧等。

图4-25 M1432A万能外圆磨床运动示意图

4. 对电力拖动与控制的要求

在控制电路中，SB1为机床的总停止按钮；SB2为油泵电动机M1的启动按钮；SB3为头架电动机M2的点动按钮；SB4为内、外圆砂轮电动机M3、M4的启动按钮；SB5为内、外圆砂轮电动机M3、M4的停止按钮；手动开关SA1为头架电动机M2高、低速转换开关；SA2为冷却泵电动机M5的手动开关；行程开关SQ1为为砂轮架快速连锁开关；SQ2为内、外圆砂轮电动机M3、M4的连锁行程开关。

按下按钮SB2，接触器KM1通电闭合并自锁，油泵电动机M1启动运转，其他电动机即可启动。

按下按钮SB3，头架电动机可点动。将手动开关SA1扳至"低"速挡，将砂轮架快速移动操纵手柄扳至"快进"位置，液压油进入砂轮架移动驱动油缸，带动砂轮架快速进给移动。当砂轮架接近工件时，压合行程开关SQ1，接触器KM2通电闭合，头架电动机M2低速运转。同理，将SA1扳至"高"速挡位置，重复以上过程，头架电动机M2高速运转。

内、外圆电动机M3、M4的控制由行程开关SQ2进行转换。当将砂轮架上的内圆磨具往下翻时，行程开关SQ2复位，按下按钮SB4，接触器KM4通电闭合，内圆砂轮电动机M3启动运行；当将砂轮架上的内圆磨具往上翻时，行程开关SQ2被压合，按下按钮SB4，接触器KM5通电闭合，外圆电动机M4启动运转。

当接触器KM2或KM3闭合时，也就是头架电动机M2不论低速或高速运转，接触器KM6都会通电闭合，冷却泵电动机M5启动运转。

FU1作为线路总的短路保护，FU2作为M1和M2电动机的短路保护，FU3作为M3和M5电动机的短路保护。5台电动机均有过载保护。

制定工作计划和方案

那是不是要先做个维修计划啊？

当然！"凡事预则立，不预则废"。

做一个工作计划并填写工作计划表（见表4-13）。

表4-13 工作计划表

M1432A万能外圆磨床无法运转的故障诊断与维修 项目实施计划				
序　号	工作阶段	工作内容	工作时间/h	备　注

审批（签字）：　　　　　　　　　　制表（签字）：

实施过程

基础决定高度，细节决定成败。

1 分析故障原理

1. 原理图分析

M1432A万能外圆磨床电气原理图如图4-26所示。

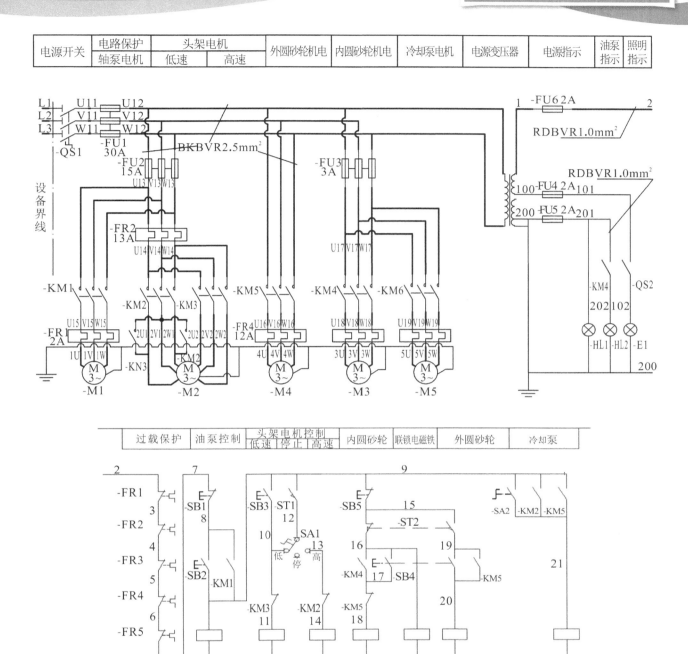

图4-26 M1432A万能外圆磨床电气原理图

根据派工单附件所提供图纸（见图4-26）M1432A万能外圆磨床电气原理图所示，在图中主要执行元件有五个，分别是：外圆砂轮电动机、内圆砂轮电动机、冷却电动机、油泵电动机和头架电动机。

机床各回路均采用熔断器做为短路保护装置，各电动机采用热继电器做过载保护装置。

图中头架电动机采用双速电动机提供高低挡双转速输出。

== ，"神马"啊？双速电动机是什么电动机？它是怎么变速的啊？我觉得这里需要再深入了解。

知 识 链 接

交流异步电动机调速方法

在生产实践中，许多生产机械的电力拖行运行速度需要根据加工工艺要求而人为调节。这种负载不变、人为调节转速的过程称为调速。

通过改变传动机构转速比的调速方法称为机械调速，通过改变电动机参数而改变电动机运行速度的调速方法称为电气调速。

三相异步电动机的转速公式：

$$n=（1-s）60f/p$$

式中：n——电动机转速（r/min）；

s——转差率；

f——电源频率；

p——磁极对数。

由上式可知，三相异步电动机的调速方法有改变电动机定子绕组的磁极对数p；改变电源频率f；改变转差率s等。在一些自动化程度比较高或需要无极调速的设备（如数控机床）中多采用变频器控制，通过改变电动机电源频率从而改变电动机转速，可实现无级变速。普通设备中目前被广泛使用的是改变磁极对数和改变转子电阻的调速方法，其中改变磁极对数的调速方法称为有级调速。

知 识 链 接

接触器控制的双速电动机控制电路

如图4-27所示为接触器控制双速电动机电路，即用按钮和接触器来控制电动机高速、低速控制线路，其中SB1、KM1控制电动机低速运行；SB2、KM2、KM3控制电动机高速运行。

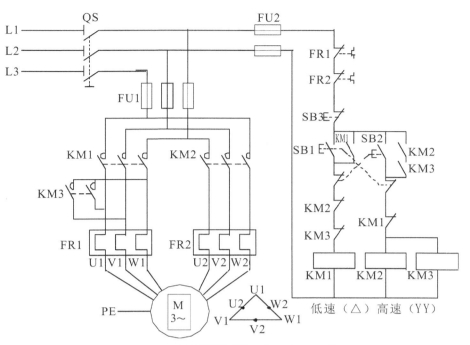

图4-27　接触器控制双速电动机电路

控制原理分析:

（1）△形低速起动运行（如图4-28所示）:

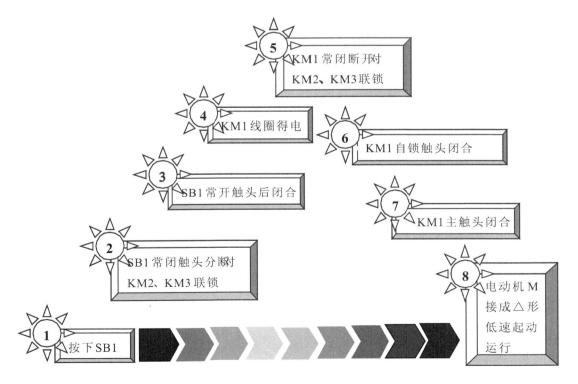

图4-28　△形低速起动运行步骤图

（2）YY形高速起动运行（如图4-29所示）：

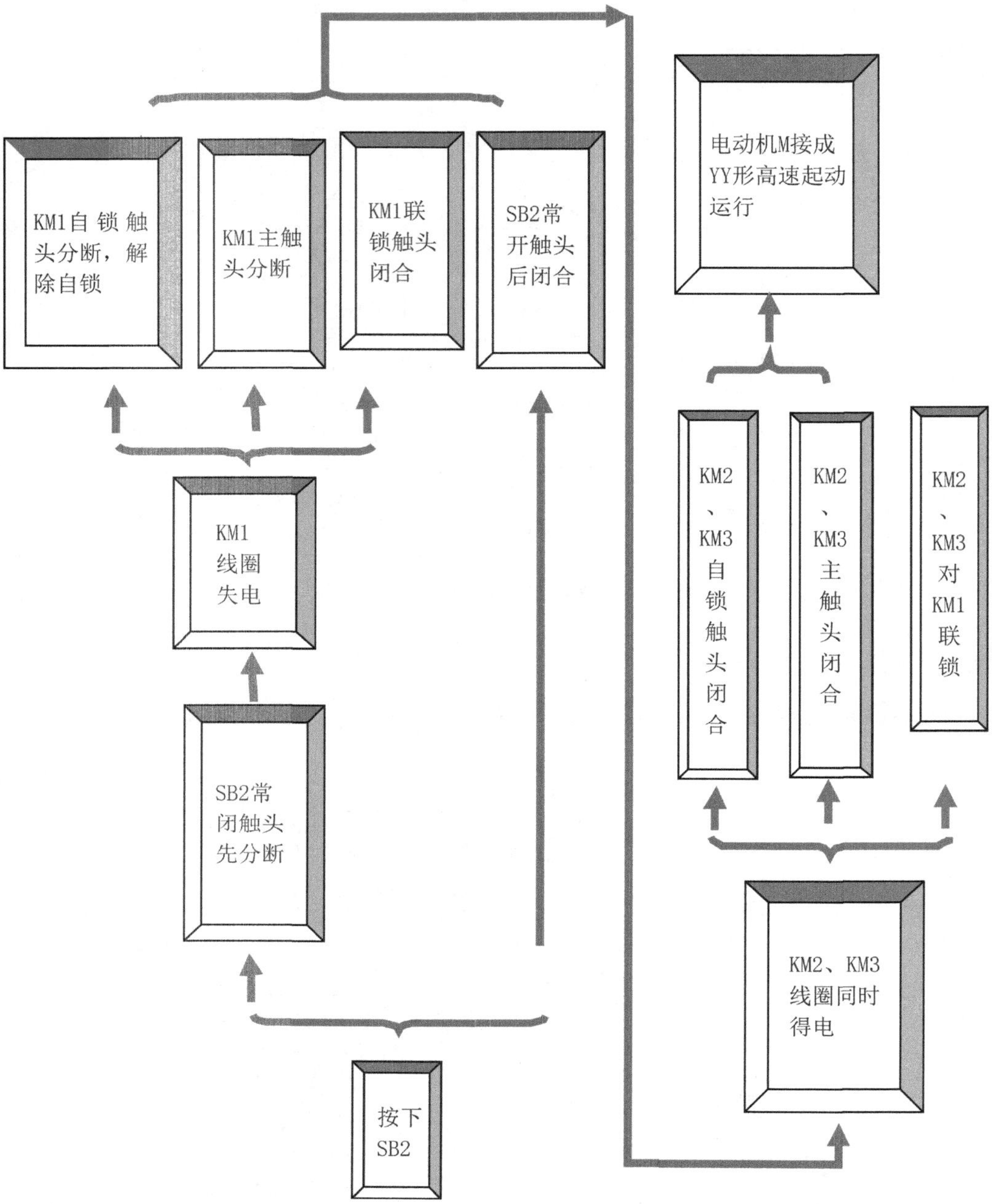

图4-29　YY形高速起动运行步骤图

工作原理分析：

合上电源开关QS1 ➡ 指示灯HL灯亮

合上QS2 ➡ 照明灯EL亮

（1）油泵电动机M1的控制。

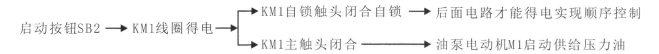

启动按钮SB2 → KM1线圈得电 →
- KM1自锁触头闭合自锁 → 后面电路才能得电实现顺序控制
- KM1主触头闭合 → 油泵电动机M1启动供给压力油

（2）头架电动机M2的控制。低速：SA1是头架电动机的转速选择开关，分"低"、"停"、"高"三挡位置，如将SA1扳到"低"挡位置，按下油泵电动机M1的启动按钮SB2，M1启动，通过液压传动使砂轮架快速前进，当接近工件时，便压合位置开关ST1 —— ST1常开闭合。

KM2线圈得电 →
- KM2联锁触头分断对KM3联锁
- KM2主触头闭合 → 电动机M2接成△形低速运行
- KM2辅助常开闭合 → KM6线圈得电 → KM6主触头闭合 →

高速：将转速开关SA1扳到"高"挡位置，砂轮架快速前进当接近工件压合位置开关ST1：

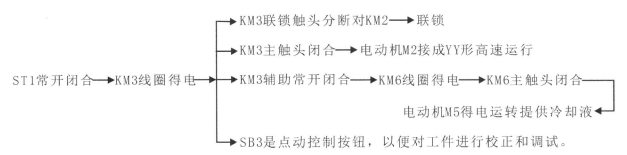

ST1常开闭合 → KM3线圈得电 →
- KM3联锁触头分断对KM2 → 联锁
- KM3主触头闭合 → 电动机M2接成YY形高速运行
- KM3辅助常开闭合 → KM6线圈得电 → KM6主触头闭合 → 电动机M5得电运转提供冷却液
- SB3是点动控制按钮，以便对工件进行校正和调试。

磨削完毕，砂轮架退回原位，位置开关ST1复位断开，电动机M2自动停转。

（3）外圆砂轮电动机M3和M4控制。内、外圆砂轮电动机不能同时启动，由位置开关ST2对它们实现联锁。

当外圆磨削时，把砂轮架上的内圆磨具往上翻，它的后侧压住位置开关：

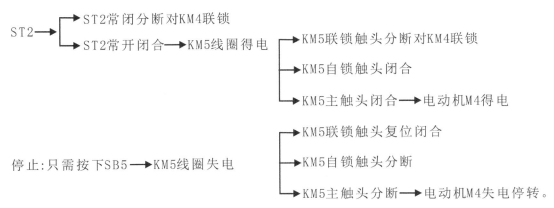

ST2 →
- ST2常闭分断对KM4联锁
- ST2常开闭合 → KM5线圈得电 →
  - KM5联锁触头分断对KM4联锁
  - KM5自锁触头闭合
  - KM5主触头闭合 → 电动机M4得电

停止：只需按下SB5 → KM5线圈失电 →
- KM5联锁触头复位闭合
- KM5自锁触头分断
- KM5主触头分断 → 电动机M4失电停转。

当内圆磨削时：将内圆磨具翻下，原被内圆磨具压下的位置开关ST2复位，ST2常开恢复分断ST2常闭恢复闭合。

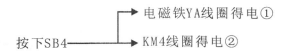

①——→ 衔铁被吸下，砂轮架快速进退的操纵手柄锁住液压回路，使砂轮架不能快速退回

②——→
- KM4联锁触头分断对KM5联锁
- KM4自锁触头闭合自锁
- KM4主触头闭合——→内圆砂轮电动机M3启动运行

内圆砂轮磨削时，砂轮架是不允许快速退回的，因为此时圆磨头在工件内孔，砂轮架若快速移动，易造成损坏磨头及工件报废的严重事故。

（4）冷却泵电动机M5的控制：当KM2或KM3线圈得电吸合时，利用KM 2或KM3辅助常开触头闭合，使KM6线圈得电吸合——→冷却泵电动机M5自动启动。

修整砂轮时，不需要启动头架电动机M2，但要启动冷却泵电动机M5。为此，备有转换开关SA2，在修整砂轮时用来控制冷却泵电动机。

（5）停止：

按下SB1——→KM1线圈失电
- KM1主触头分断——→电动机M1失电停转
- KM1自锁触头分断——→后面电路不能得电

其余接触器所需的电源都从接触器KM1自锁触头后面接出，所以当油泵电动机停止后其余电动机才能停止。

（6）照明及指示灯线路由变压器TC降压为36 V电压供照明，6.3 V供指示灯。

（7）切断电源开关QS1 ——→
- 断开QS2——→照明灯EL灭
- 指示灯HL灯灭

2.故障分析

参照图4-30依次对各部件进行故障分析。

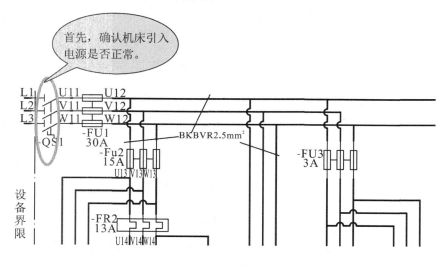

（a）电源是否正常

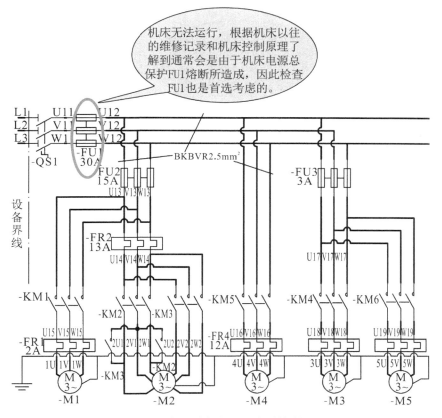

（b）电源总保护FU1是否熔断

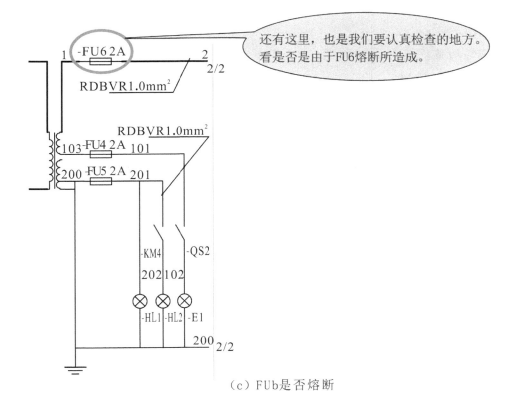

（c）FUb是否熔断

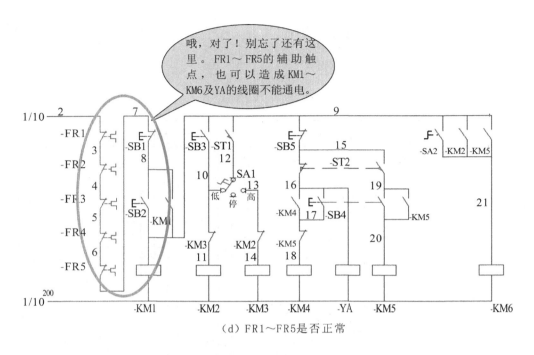

（d）FR1～FR5是否正常

图4-30　故障分析步骤

由以上分析可知，造成机床停机原因有多种，如下所列：

机床引入电源故障；

QS1转换开关故障；

FU1熔断器故障；

FU6熔断器故障；

FR1～FR5热保护故障；

以上元件所在线路断路故障。

因此，此处不能够对其故障点位置进行精确判定，还需进一步诊断才能确诊。

小提示

我们是机床的医生，一定要记得"望闻问切"哦！

2 故障现场维修

1. 历史故障点检查

按照图4-31检测故障并记录在表4-14中。

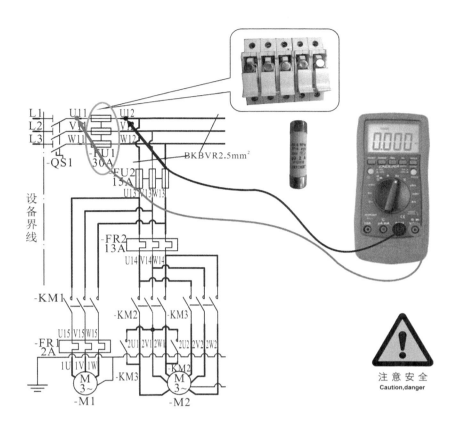

图4-31 FU1故障检查示意图

表4-14 FU1故障检查数值记录表

序　号	测量线路及状态	测量位置	测量值	正常值

请在图4-32中用表笔标出检查位置并在表4-15中填上万用表数值。

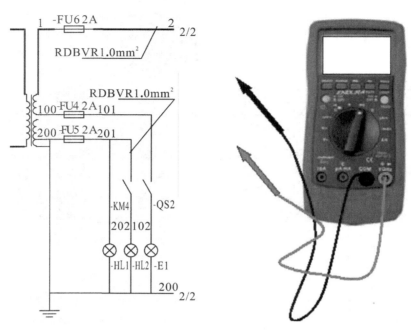

图4-32 故障检查示意图

表4-15 故障检查数据记录表

序 号	测量线路及状态	测量位置	测量值	正常值

2. 现场调查

现场调查一般也要讲究"望、闻、问、切"。

1）望故障现象

（1）查看机床所在车间设备工作状况，如：查看其他设备工作是否正常（尤其和故障机床相同电源的设备）；

（2）查看故障机床指示灯状态，如：电源指示灯、油泵指示灯、照明灯等；

（3）查看故障机床工作状态，如：工作台位置、各手柄、开关位置等；

将我们的结果记录在表4-16中。

表4-16　故障现象记录表

序　号	查看内容	查看结果	故障指向

2）闻机床工作状况

（1）听操作者或设备管理人员介绍故障设备基本信息，如：工作年限、保养情况等；

（2）听设备管理人员介绍故障设备"病史"，如：经常会有什么故障，曾经有没有同现象故障发生，怎么解决的等。

将我们的结果记录在表4-17中

表4-17　工作状况记录表

序　号	听取内容	听取结果	故障指向

3）问相关人员

（1）询问操作者机床故障前状况，如：有没有异常现象、异味、异响等；

（2）询问操作者机床故障前操作，如：按下某某开关、加大切削用量、误操作等；

将我们的结果记录在表4-18中。

表4-18　异常现象与故障前操作记录表

序　号	询问内容	询问结果	故障指向

信息整理并分析故障原因。

提炼有用信息，寻找有共同指向的信息，确定故障范围，并将情况记录在表4-19中。

表4-19　共同信息记录表

序　号	有共同指向信息	分析结果	故障范围

4）切故障点位置

根据以前学习的测量方法对分析得到的故障范围进行排查，并在下图4-33～图4-35中对检测位置进行标注后完成表4-20～表4-22的填写。

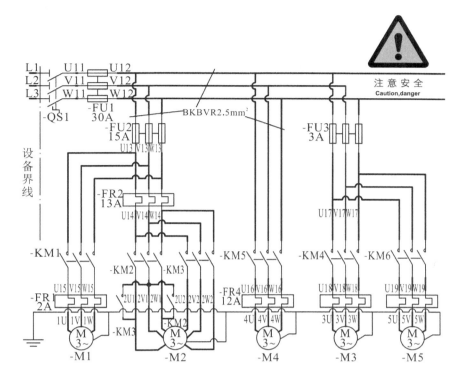

图4-33　检测位置标注图（1）

表4-20　测量数据记录表（1）

序　号	测量线路及状态	万用表挡位	测量位置	测量值

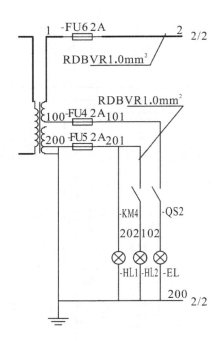

图4-34 检测位置标注图（2）

表4-21 测量数据记录表（2）

序　号	测量线路及状态	万用表挡位	测量位置	测量值

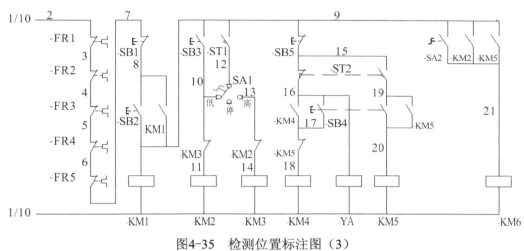

图4-35　检测位置标注图（3）

表4-22　测量数据记录表（3）

序　号	测量线路及状态	万用表档位	测量位置	测量值

3. 故障维修

设备故障详情：

维修故障方法：

3 填写"故障维修记录单"

填写"故障维修记录单（见表4-23）"。

表4-23 机加车间设备故障维修记录单

维修单号：＿＿＿＿＿＿＿＿

设备编号	设备名称	设备型号	维修人	维修时间

设备故障详情：

故障排除情况：

维修更换配件	序号	配件名称	规格	价格	备注
	1				
	2				
	3				
	4				

项目检查与验收

故障排除后的机床电气功能验收可参照表4-24中的项目进行。

表4-24 设备通电调试验收记录表

设备名称				设备型号	
项　目	序　号	操作内容	检查内容		检查结果
功能验收	试车准备	1	合上开关QS1	配电箱中是否有异味，若有立即断电	
				HL灯是否亮	
	油泵电机	2	按下SB2	油泵电动机M1是否启动	
	头架电机高速	3	旋转SA1至高速位置	电动机M2是否高速运行	
				冷却泵电动机是否启动运行	
		4	旋转SA1至停止位	电动机M2是否停止运行	
				冷却泵电动机是否停止运行	
	头架电机低速	5	旋转SA1至低速位置	电动机M2是否低速运行	
				冷却泵电动机是否启动运行	
			旋转SA1至停止位	电动机M2是否停止运行	
				冷却泵电动机是否停止运行	
	外圆砂轮电机	6	内圆磨具压住开关ST2	内圆砂轮电机M4运行	
		7	按下SB5	内圆砂轮电机M4停止运行	
	内圆砂轮电机	8	内圆磨具松开开关ST2	内圆砂轮电动机M3启动运行	
				砂轮架快速进退的操纵手柄锁住	
	辅助功能验收	9	旋转SA2	冷却泵电动机是否启动运行	
		10	合上QS2	照明灯是否点亮	
		11	按下SB5	所有电机是否停止运行	

操作人（签字）：　　　　　　年　　月　　日　　　检查人（签字）：　　　　　　年　　月　　日

项目移交

维修任务完成后，需填写"机加车间设备故障（事故）维修报告书（见表4-25）"，由设备员整理归档。根据本故障维修情况如实填写。

表4-25　机加车间设备故障（事故）维修申报书

<table>
<tr><td rowspan="4">操作人填写</td><td>设备编号</td><td>设备名称</td><td>设备型号</td><td>操作人姓名</td><td>班组组长</td></tr>
<tr><td>XD124103</td><td>万能外圆磨床</td><td>M1432A</td><td>李刚</td><td>张麒</td></tr>
<tr><td colspan="5">故障（事故）申报时间：____2012____年____12____月____04____日</td></tr>
<tr><td colspan="5">故障（事故）现象（故障详细信息）：
M1432A万能外圆磨床床，所有电动机无法启动运行。</td></tr>
</table>

维修人员填写	维修方案实施情况及结果： 维修人（签字）：
	维修性质： □ 设计不良　□ 制造不良　　□ 维修不良　□ 操作不当　□ 保养不良 □ 超负荷　　□ 电器元件不良　□ 安装不良　□ 零件不良　□ 零件老化 □ 润滑不良　□ 精度不够　　□ 原因不明　□ 其他_____
	维修需更换部件明细（技术参数说明）、费用：（可附清单）
	□　故障已排除　　　未修复原因： □　故障未排除

设备员填写	外购件筹备情况（货到情况和日期）：
	事故设备"四不放过"实施和对操作人实施教育： 设备员（签字）：
	□ 通知生产及相关人员　　　□ 上报车间　　　□ 上报主管部门

修复日期：_____年_____月_____日

操作人（签字）：	维修人（签字）：	班组组长（签字）：

工作小结

任务刚刚结束，赶紧做个小结吧！

小提示

主要对工作过程中学到的知识、技能等进行总结！

这里我应该能够做得更好！

这样做，结果会更好。

拓展知识

本任务中的故障我已经会处理了！那其他故障怎么处理呢？

表4-26中是M1432A万能外圆磨床常见故障及处理方法。

表4-26　M1432A万能外圆磨床常见故障及处理方法

故障现象	故障原因	处理方法
机床不能启动	TC1输入电源故障 FU6进线故障 FU6故障 FR3～FR5辅助触点故障 SB1故障 SB2故障 KM1线圈故障	检查机床电源输入是否正确，再检查TC1输入电源是否正确，检查TC1端子接触是否良好，再检查FU6进线电源和端子，检查FR3～FR5等热继电器端子，再检查SB1、SB2，检查KM1线圈端子是否接触良好
电动机M2低挡能启动高挡不能启动	KM2动断触点故障 KM3线圈故障	检查SA1是否在高速挡，再观察KM3是否吸合，若在高速挡而没有吸合则检查KM2动断触点和KM3线圈接触是否良好
	KM3主触点故障	检查SA1是否在高速挡，再观察KM3是否吸合，若在高速挡而有吸合则检查KM3主触点接触是否良好
油泵控制不能自锁	KM1辅助触点故障	检查KM1辅助动合触点端子接触是否良好
头架电动机不能点动控制	SB3触点故障	检查SB3触点接触是否良好
照明灯EL不亮	灯泡损坏；FU4熔断；QS2触头接触不良；TC二次绕组断线或接头松脱；灯泡和灯头接触不良等	检查TC是否输出电源，检查FU4是否熔断，检查QS2接触是否良好，检查灯泡是否烧坏或接触不良

学习任务五

镗床电气控制系统的大修与改造

听我给你讲个故事吧!

说起镗床,还先得说说达·芬奇。这位传奇式的人物,可能就是最早用于金属加工的镗床的设计者。他设计的镗床是以水力或脚踏板作为动力,镗削的工具紧贴着工件旋转,工件则固定在用起重机带动的移动台上。1540年,另一位画家画了一幅《火工术》的画,也有同样的镗床图,那时的镗床专门用来对中空铸件进行精加工。

到了17世纪,由于军事上的需要,大炮(如图5-1所示)制造业的发展十分迅速,如何制造出大炮的炮筒成了人们急需解决的一大难题。

图5-1　17世纪的英国大炮

看我!漂亮不?镗床可是将大炮的功能与精度提高了很多的大功臣呢!

世界上第一台真正的镗床是1775年由威尔金森发明的。其实,确切地说,威尔金森的镗床是一种能够精密地加工大炮炮筒的钻孔机,它是一种空心圆筒形镗杆,两端都安装在轴承上。

图5-2　炮筒镗床

1728年,威尔金森在美国出生,他20岁时迁到斯塔福德郡,建造了比尔斯顿的第一座炼铁炉。因此,人称威尔金森为“斯塔福德郡的铁匠大师”。1775年,47岁的威尔金森在他父亲的工厂里经过不断努力,终于制造出了这种能以罕见的精度钻大炮炮筒的新机器——炮筒镗床(图5-2示炮筒镗床)。有意思的是,1808年威尔金森去世以后,他就葬在自己设计的铸铁棺内,他的墓碑是高12米、重达20吨的铁碑。

炮筒镗床可是镗床的鼻祖呢!

有了镗床的帮助，蒸汽机作为一种新型动力装置才真正走上历史舞台

但是，威尔金森的这项发明没有申请专利保护，人们纷纷仿造它，安装它。1802年，瓦特也在书中谈到了威尔金森的这项发明，并在他的索霍铁工厂里进行仿制。以后，瓦特在制造蒸汽机（如图5-3所示）的汽缸和活塞时，也应用了威尔金森这架神奇的机器。原来，对活塞来说，可以在外面一边量着尺寸，一边进行切削，但对汽缸就不那么简单了，非用镗床不可。当时，瓦特就是利用水轮使金属圆筒旋转，让中心固定的刀具向前推进，用以切削圆筒内部，结果，直径75英寸的汽缸，误差还不到一个硬币的厚度，这在当时是很先进的了。

在以后的几十年间，人们对威尔金森的镗床作了许多改进，由于瓦特蒸汽机气缸内部加工精度的需要，1776年制造了汽缸镗床（如图5-4所示）。

图5-3　老式蒸汽机

图5-4　汽缸镗床

而在1880年前后，德国开始生产带前后立柱和工作台的卧式镗床（如图5-5所示）。

我是先进的数控落地式镗铣床

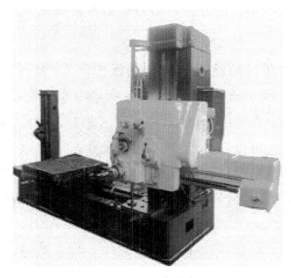

图5-5　卧式镗床

　　1885年，英国的赫顿制造了工作台升降式镗床，这已成为了现代镗床的雏型。20世纪30年代，为适应特大、特重工件的加工，发明了落地镗床。50年代随着铣削工作量的增加，出现了落地镗铣床。由于钟表仪器制造业的发展需要加工孔距误差较小的设备，20世纪初出现了坐标镗床。随着现代数控技术的发展，高精度数控镗床（如图5-6所示）得到广泛应用。

图5-6　数控落地镗铣床

哇！镗床是这样诞生发展的，那现在的镗床又是用来做什么的呢？镗加工又是怎样实现的呢？

镗床（如图5-7所示）是一种多用途的精密加工机床，除镗孔外，还可以进行钻、扩、铰孔、车削内外螺纹（如图5-8所示），用丝锥攻丝，车外圆和端面，用端铣刀与圆柱铣刀铣削平面等多种工作（如图5-9所示）。按用途不同，镗床可分为卧式镗床、立式镗床、坐标镗床和专用镗床等。

镗床可是做精加工的呦！

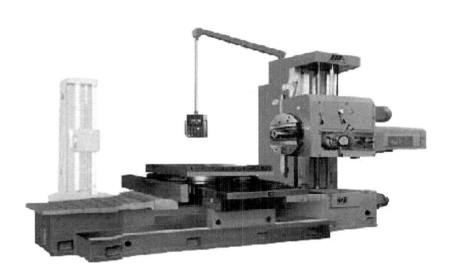

图5-7　镗床

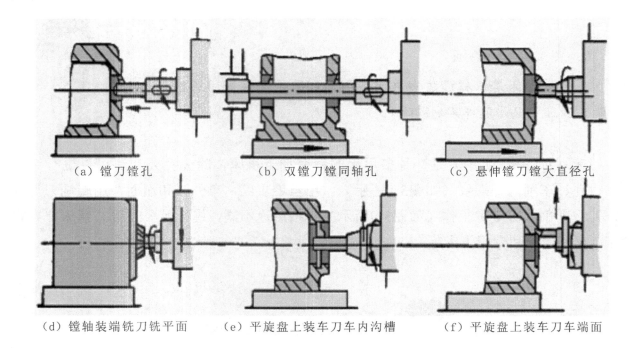

（a）镗刀镗孔　　　　　（b）双镗刀镗同轴孔　　　　（c）悬伸镗刀镗大直径孔

（d）镗轴装端铣刀铣平面　　（e）平旋盘上装车刀车内沟槽　　（f）平旋盘上装车刀车端面

图5-8　各种镗削加工运动关系示意图

猜猜：在汽车发动机的缸体上，哪里是镗削出来的？

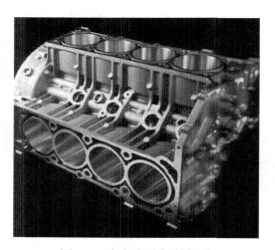

图5-9　汽车发动机的缸体

嗯！镗床的功能还真多啊！那对于镗床，我们这些电气设备维修人员要做些什么呢？

镗床电气控制系统的装调与维修主要围绕对镗床电气控制系统的日常检修与保养、故障维修、设备大修、技术改造等内容开展工作。

本学习任务主要通过完成对T68卧式镗床电气控制系统的大修及PLC改造，使学习者具备对镗床电气控制系统的测绘、装配、调试、验收及PLC改造等能力。

项目1 T68卧式镗床电气控制系统的安装与调试

任务描述

赶快，看看我们的任务吧！

某厂机械加工车间有一台T68镗床（如图5-10所示）投入使用时间已有十余年，由于长期没有进行有效的保养，加之生产环境较差，导致电气线路已严重老化，已影响到正常的生产任务。车间主任责令维修班组对该机床机械和电气部分进行一次大修，维修班长了解此情况后，下发工作任务单给电气维修人员时，发现该机床的电气控制原理图由于管理不善，导致图纸受潮发霉，已不能使用，随即要求维修人员对该机床电气控制线路进行测绘，并重新绘制电气原理图、电器元件布局图、电气接线图，完成电气控制线路的安装，对线路的电气控制功能进行检查、通电调试、功能验收，保证电气控制功能验收合格。之后与机修工一同完成该机床的大修任务。工作时间88h。工作过程需按"6S"现场管理标准进行。合格后交付生产部负责人。

让我给这台生病的镗床仔细看看……

图5-10　需大修的镗床实物图床

还等什么？签领派工单（见表5-1）吧！

表5-1　机加车间设备故障（事故）维修申报书

	设备编号	设备名称	设备型号	操作人姓名	班组组长
操作者填写	XD	镗床	T68	丁丁	
	故障（事故）申报时间：　　　　2012 年 11 月 12 日				
	故障（事故）现象（故障详细信息）： 　T68镗床投入使用时间已有十余年，由于长期没有进行有效的保养，加之生产环境较差，导致电气线路严重老化，影响正常生产任务。报备设备维修班组对该机床机械及电气部分进行大修				
维修人员填写	故障（事故）判定、检测及维修方案： 　　　　　　　　　　　负责人（签字）：				
	维修需更换部件明细（技术参数说明）： 　　　　　　　　　　　负责人（签字）：				

续表

设备员填写	外购件筹备情况（货到情况和日期）：
	事故设备"四不放过"实施和对操作者实施教育：
	通知生产及相关人员 □ 上报车间 □ 上报主管部门 □
维修人员填写	故障（事故）设备维修方案实施情况及结果： 负责人（签字）：

修复日期：_____年_____月_____日
维修费用：

操作者（签字）：	维修组（签字）：	班组组长（签字）：

背景知识储备

先了解一下什么是机床电气设备的大修，它的步骤又是怎样的。

知识链接

1. 大修的工艺知识

维修人员将全体设备解体，分割电气线路，更换或修理易损件，拆下电动机与电器元件，并按出厂标准恢复原有精度和生产能力。也可以结合技术改造进行，对原有电气线路加以分析，结合新的电气元件和新技术加以改进；对原有电动机进行检修，必要时予以更换；更换配电箱和操纵台的破旧电器元件；连接线和管道中的电源线原则上予以更换。

2. 大修工艺的编制

大修工艺又称大修工艺规程，具体规定了一般电气设备的修理程序，电器元件的修理、系统调试的方法及技术要求等，以保证达到电气设备的整体质量标准。它是电气大修时必须认真贯彻执行的修理技术文件，是大修方案的具体实施步骤。

制定工艺文件的原则是：在一定的生产条件下，能够以最快的速度、最少的劳动量和最低的生产费用，安全、可靠地生产出符合用户要求的产品，因此应注意以下三方面的问题：

（1）技术上的先进性。在编制工艺文件时，应从本企业实际条件出发，参照国际、国内同行的先进水平，充分利用现有生产条件，尽量采用先进的工艺方法和工艺装备。

（2）经济上的合理性。在同样的生产条件下，可制定出多种工艺方案。这时应全面综合考虑，通过经济核算和对比，选择经济上合理的方案。

（3）良好的劳动条件（如图5-11所示）。在现有的生产条件下，应尽量采用机械和自动化的操作方法，尽量减轻操作者的繁重体力劳动。同时，应充分注意在工艺过程中要有可靠的安全措施，给操作者创造良好而安全的劳动条件。

图5-11　机床电气大修工作现场图

3. 电气设备大修工艺的编制步骤

知 识 链 接

（1）产品说明书（电气说明书为主）；
（2）电路图；
（3）电气接线图；
（4）电器元件明细表（型号、规格等）；
（5）液压原理示意图（注明液压零件的型号）；
（6）产品调试数据表等

→ 设备技术资料准备 →

（1）资料准备；
（2）技术动态资料；
（3）电气电子产品和零配件市场供应和价格动态；
（4）维修记录资料

生产设备、电器元件、零配件的最新价格动态

生产设备的最新技术水平和经济水平

→ 阅读技术资料 →

熟悉电气系统的构成和工作原理

（1）历次设备一、二级保养、完工验收记录；历次设备中、小修记录和验收记录；
（2）设备运行点检记录；历次设备故障排除与修复记录；历次设备事故记录；
（3）设备上次大修技术资料和小结；大修周期年限或是否接近大修年限；
（4）设备的预防性试验记录；目前运行状态的评价；电器元件的状态；
（5）设备的历次改进和改装记录

→ 查阅技术档案 →

全面了解电气系统的技术状况

了解设备当前状态：
（1）配电箱的大修？
（2）配电箱及设备的穿管线路更换？
（3）电动机大修？
（4）控制电动机性能测试（或大修、更换）？
（5）各种检测装置定位检查和元件测试？
（6）液压传动中电气液压零件的测试？
（7）整机调试（含计算机与可编程控制器）

（1）大修项目；
（2）引进设备的大修项目；
（3）电气电子产品和零配件市场供应和价格动态；
（4）维修记录资料；
（5）结合收集资料进行设备大修分析

→ 现场了解设备 →

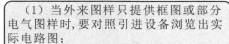

（1）当外来图样只提供框图或部分电气图样时，要对照引进设备浏览出实际电路图；
（2）外方不提供图的设备，要照引进的具体设备测绘出电路图；
（3）外方不提供电子电路图样、集成电路无标志时，必要时进行替代电路设计

（1）整机及部件的拆卸程序及拆卸过程中应检测的数据和注意事项；
（2）主要电气设备、电器元件的检查、修理工艺以及应达到的质量标准；
（3）电气装置的安装程序及应达到的技术要求；
（4）系统的调试工艺和应达到的性能标准；
（5）检修需要的仪器、仪表和专用工具应另行注明；
（6）试车程序及需要特别说明的事项；
（7）检修施工中的安全措施

→ 编制大修工艺

常遇到的技术改革项目：
（1）采用晶闸管技术替代发电机组；
（2）采用可编程控制器替代有触点继电器控制系统；
（3）采用微控制器控制电气系统；
（4）加装监测装置，特别是在线监测；
（5）部分机械传动改装为液压传动，部分部件改进为自动化的电气装置

机床设备大修的相关资料可以查阅以下标准：

ISO 3070-0-1982 卧式镗铣床检验条件

ISO 3070-2-1997 卧式镗铣床检验条件

想一想！做一做！

1.机床电气设备的大修内容包括包括：_____

_____。

2.电气设备大修工艺编制的步骤是_____、_____、

查阅技术档案_____、_____。

制定工作计划和方案

制定大修方案，我们首先应该仔细了解一下T68卧式镗床（见图5-12）！

1. T68卧式镗床型号的含义

```
        T        6        8
                          └── 镗轴直径85mm
 分类代号：镗床类 ──┘        └── 组代号：卧式铣镗床
```

图5-12就是T68卧式镗床！

图5-12　T68卧式镗床实物图

2. T68卧式镗床的结构

T68型卧式镗床主要由床身、前立柱、主轴箱、后立柱、尾座、下溜板、上溜板、工作台等几部分组成。

镗床在加工时，一般将工件固定于工作台上，由镗轴或平旋盘上固定的刀具进行加工。

前立柱→主轴（镗轴）可沿它上的导轨做垂直移动；

主轴箱→装有主轴（其锥形孔装镗杆）变速机构、进给机构和操纵机构；

后立柱→可沿床身横向移动，上面的后支承架可与主轴箱同步垂直移动。

工作台→由下溜板、上溜板和工作台三层组成，下溜板可在床身轨道上做纵向移动，上溜板可在下溜板轨道上做横向移动，工作台可在上溜板上转动。图5-13为T68卧式镗床外观结构图。

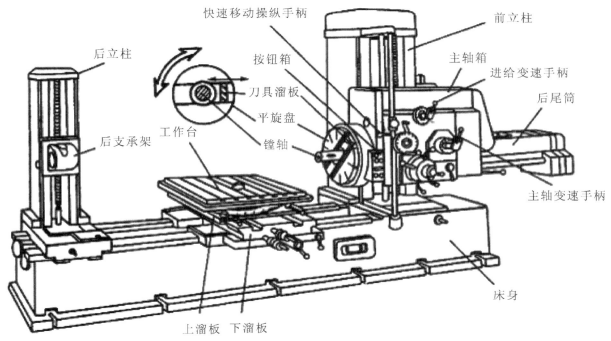

图5-13　T68型镗床整体外观结构图

3. T68卧式镗床的运动形式

T68卧式镗床运动示意图如图5-14所示。

（1）主运动→主轴（镗轴）的旋转与花盘的旋转运动。

（2）进给运动→主轴（镗轴）在主轴箱中的轴向（进出）移动，平转盘上刀具的径向进给，工作台的横向（左右）和纵向（前后）进给，主轴箱的升降（进给运动可以手动或机动）。

（3）辅助运动→工作台的移动、后立柱的水平纵向移动、镗杆的后支撑架的垂直移动及各部分的快速移动。

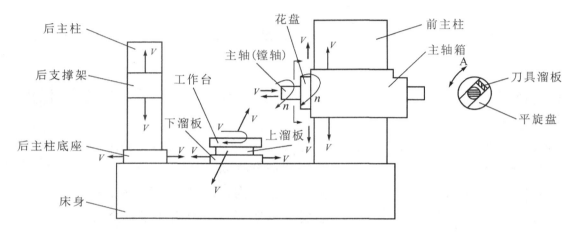

图5-14 T68卧式镗床运动示意图

4. T68卧式镗床的控制要求

（1）为适应各种工件的加工工艺，主轴应有较大的调速范围。采用交流双速电机驱动的滑移齿轮有级变速系统。由于镗削加工是恒功率负载，所以主电动机采用双速电动机三角形-双星形（△/YY）的接法用于拖动主运动和进给运动。

（2）主运动和进给运动的速度调节采用变速孔盘机构，由于采用滑移齿轮变速，为防止顶齿现象，要求主轴系统变速时做低速断续冲动。

（3）加工过程中可以调速，要求主轴正反转点动调速，通过主轴电机低速正反转实现，同时，主轴制动采用反接实现。

（4）主轴电动机要低速全压启动，高速启动时，需先低速启动，延时后自动转为高速，以减小启动电流。

（5）为缩短机床加工的辅助时间，主轴箱、工作台、主轴通过一台电动机驱动快速移动。

5. T68卧式镗床电气控制线路的特点

根据图5-15 T68镗床电器位置图分析其电气控制线路的特点。

（1）T68卧式镗床主轴调速范围大，且恒功率，主轴与进给电动机M1采用△/YY双速电机。双速电机控制原理参见图4-27。低速时，U1、V1、W1接三相交流电源，U2、V2、W2悬空，定子绕组接成三角形△，每相绕组中两个线圈串联，形成的磁极对数 $P=2$；高速时，U1、V1、W1短接，U2、V2、W2接电源，电动机定子绕组联结成双星形（YY），每相绕组中的两个线圈并联，磁极对数 $P=1$。高、低速的变换，由主轴孔盘变速机构内的行程开关SQ7控制，其动作说明见表5-2。

表5-2　主电动机高、低速变换行程开关动作说明

位置 触点	主电动机低速	主电动机高速
SQ7动合	关	开

（2）主电动机1M可正、反转连续运行，也可点动控制，点动时为低速。主轴要求快速准确制动，故采用反接制动，控制电器采用速度继电器。为限制主电动机的启动和制动电流，在点动和制动时，定子绕组串入电阻R。

（3）主电动机低速时直接起动。高速运行是由低速起动延时后再自动转成高速运行的，以减小启动电流。

（4）在主轴变速或进给变速时，主电动机需要缓慢转动，以保证变速齿轮进入良好啮合状态。主轴和进给变速均可在运行中进行，变速操作时，主电动机便作低速断续冲动，变速完成后又恢复运行。主轴变速时，电动机的缓慢转动是由行程开关SQ3和SQ5，进给变速时是由行程开关SQ4和SQ6以及速度继电器KS共同完成的，见表5-3。

表5-3　主轴变速和进给变速时行程开关动作说明

位置 触点	变速孔盘拉出 （主轴变速时）	变速后变速孔盘推回	位置 触点	变速孔盘拉出 （进给变速时）	变速后变速孔盘推回
SQ3动合	－	＋	SQ4动合	－	＋
SQ3动断	＋	－	SQ4动断	＋	－
SQ5动合	＋	－	SQ6动合	＋	－

注：表中"＋"表示接通；"－"表示断开

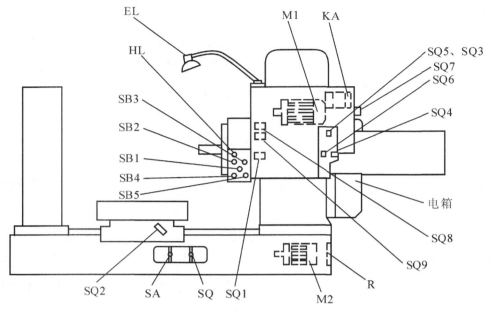

图5-15　T68镗床电器元件位置图

缺少了设备图纸怎么办？相信自己！让我们仔细想想…
对了！我们可以对原有机床的电气控制线路进行测绘！

6. 机床电气线路的测绘

电气测绘：根据现有的电气线路、机械控制线路和电气装置进行现场测绘，然后经过整理，测绘出安装接线图和电气控制原理图。

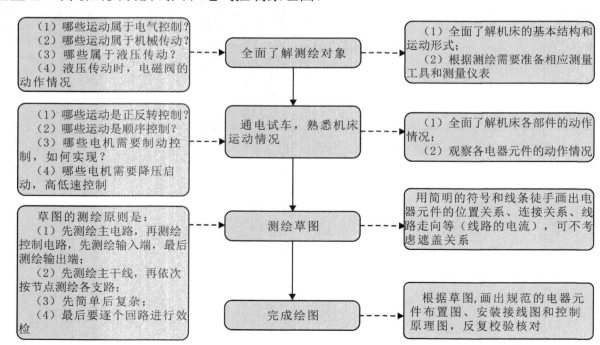

知识链接

"布置图—接线图—原理图"是按机床实物测绘电气控制原理图的最基本方法。首先对照机床实物画出电器元件布置图、电气接线图，再由接线图返绘出电气控制原理图，其步骤为：

（1）将生产设备停电，使所有电器元件处于正常位置；

（2）按实物画出该设备的电器元件布置图。一般生产设备的电器按安装位置分为控制柜（箱）、电动机和设备本体上的电器（如机床身上安装的按钮、开关等）。在画布置图时，可分块画出。对控制柜的轮廓和没有外壳的电器用虚线框出，有外壳的用实线框出。电动机和床身上所安装的按钮、开关、指示灯等按标准规定的图形符号画出。

（3）对照电气控制柜（箱）内电器元件实际布置情况，利用电器元件的平面图将所有电器元件画出，所谓平面图，就是将机床电器的各元件画在一起，对有3个主触点、两个常开、两个常闭辅助触点的接触器，其平面图就是把它们都画在同一平面上，然后查明各电器出线端的实际线号，标在图中对应电器的出线端上。

若对某个电器元件不清楚，可用万用表查清。当所测绘的电气控制柜中的连接线不带线号时，可通过查线，利用自己认为方便、清楚的编号将其标在图上。

（4）按实物，查清所有元件间的连线走向和线号并标注在图上，画出其电气接线图。

（5）根据按实物画出的接线图，利用编号分清主回路和辅助回路。然后按绘制原理图的规定原则画出其电气原理图。

（6）把画出的原理图，对照实物进行仔细复查，特别注意线号和寻线的方向，然后利用图对电气控制线路的工作原理进行分析，其结果与实际工作进行对照，完全相同时，说明所测绘的原理图是正确的，否则就有问题。

知识链接

电气测绘时的注意事项：

（1）电气测绘前，要验被测设备或装置是否有电，不能带电作业，确实需要带电作业测量的，必须采取必要的防范措施。

（2）要避免大拆大卸，对去掉的线头做好标记或记录。

（3）电气测绘时，两人以上协同操作时，要协调一致，防止发生事故。

（4）由于测绘判断的需要，确实要开动机床或设备时，务必断开执行元件或请熟练操作工操作，同时需要有监护人负责监护。对于可能发生的人身或设备事故，一定要有防范措施。

（5）测绘中若发现有掉线或接线错误时，首先做好记录，不要随意将掉线接至某个电器元件上，应照常进行测绘工作，待电路图画出后再分析、解决问题。

还等什么！赶快对T68卧式镗床的电气线路进行测绘吧！

（1）绘制T68卧式镗床电器元件布置图（绘于图5-16中）。

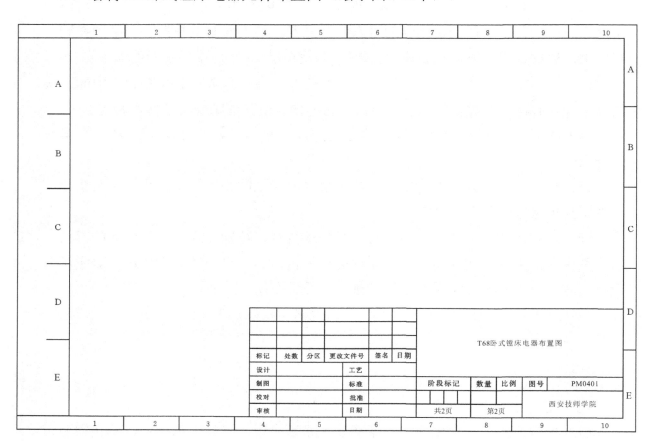

图5-16　T68卧式镗床电器元件布置图

（2）测绘T68卧式镗床电气接线图（绘于图5-17中）。

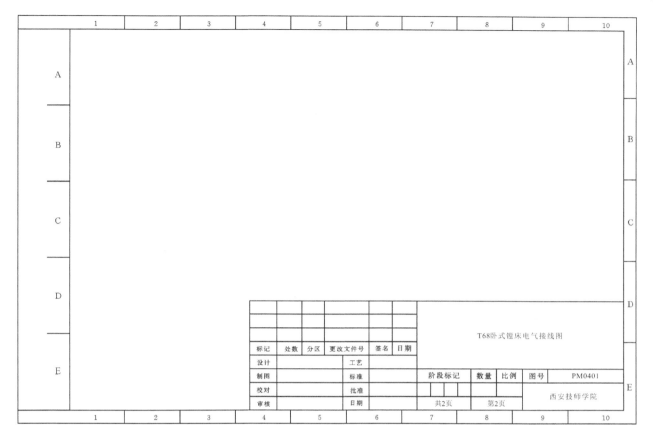

标记	处数	分区	更改文件号	签名	日期				
设计			工艺						
制图			标准			阶段标记	数量	比例	图号	PM0401
校对			批准						
审核			日期			共2页	第2页		西安技师学院

T68卧式镗床电气接线图

图5-17　T68卧式镗床电气接线图

知识链接

电气接线图测绘时的方法与步骤：

（1）接线应表示出各电器元件的实际位置，同一元件的各组织要画在一起。

（2）要表示出各电动机、元件之间的电气连接关系。凡是导线走向相同的可以合并画成单线。控制板内和板外各元件之间的电气连接都是通过接线端子来进行的。

（3）接线图中元件的图形符号和文字代号以及端子的编号均应与电路图一致，以便对照检查。

（4）接线图应标明导线和走线管的型号、规格、尺寸、根数。

（5）测绘时，应先从主电路开始，测绘出主电路接线图，然后再测绘出控制电路接线图。

（3）根据电气接线图绘制电气原理图（绘于图5-18中）。

电源开关	总短路保护	主轴电动机		短路保护	快进电动机		控制电源	照明	电源指示	主轴		主轴进给速度变换控制	主轴点动和制动控制	主轴		快速进给	
		正转	反转		正转	反转				正转	反转			正转	反转	正向	反向
1	2	3	4	5	6	7	8	9	10　11　12　13　14	15　16　17　18　19　20　21	22　23　24　25　26　27　28　29	30		31		32	

图5-18　T68型卧式镗床电气原理图

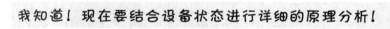

让我们想想！下一步该做什么了？

我知道！现在要结合设备状态进行详细的原理分析！

1.主电动机的启动控制

（1）主电动机正反转点动控制。

（2）主电动机的正、反向低速旋转控制。

2.主电动机的反接制动的控制

（1）主电动机正转时的反接制动。

（2）主电动机反转时的反接制动。

（3）主电动机工作在高速正转及高速反转时的反接制动过程。

3.主电动机在主轴变速或进给变速时的连续低速冲动控制

（1）变速操作过程。

（2）主电动机在运行中进行变速时的自动控制。

（3）主电动机在主轴变速时的连续低速冲动控制。

4．主轴箱、工作台或主轴的快速移动控制

5．主轴进刀与工作台联锁

6．照明电路和指示灯电路

　　嗯！机床的控制很清晰啦，下一步，需要了解大修前设备的详细情况…

维修人员调查设备维修前情况并记录在表5-4中。

表5-4　设备修前情况记录表

设备编号		设备名称	T68镗床	型号规格	
制造单位		复杂系数	19：10	类别：类级	

主要状态：
①距上次大修已经有几年，超过大修周期；
②电气控制装置陈旧、落后（接触器、继电器损坏），电气控制箱有污损出现；
③行程开关维修困难；
④控制线路线号脱落严重且模糊不清，电线老化，故障频发；
⑤旧系列电动机，污损严重，损耗大，绝缘性能降低

需要改装或补充的附件：
　　设备图纸资料丢失，需重新绘制

续表

申请部门	
生产组长（签字）： 主管（签字）： 操作员（签字）： 年 月 日	
设备科复查补充病态： ①机床控制线路老化，元器件老化。 ②主轴电动机输出功率不够	
鉴定结论：	电气设备更新大修，电动机拆卸保养清洗，电气控制柜元器件更换，控制线路重新配接

诊断完毕，开处方（大修工艺卡见表5-5）喽！

表5-5 电气大修工艺卡

设备名称	型号	制造厂名	出厂年月	使用单位	大修编号	复杂系数	总工时	设备进场日期	技术人员	主修人员
镗床	T68					19:10				

序 号	工艺步骤、技术要求	使用仪器、仪表	本工序工时/h	备 注
1	切断总电源，做好预防性安全措施			
2	拆线，做好相应记录			
3	拆除所有电器元件及其零部件，整理（电器元件参数整定）归类，作好相应记录妥善保管			
4	控制变压器大修（保养/修理）			
5	电动机大修（保养/修理）、组装			
6	电气控制箱清理（清理、清扫、清洁）			
7	机床电气安装（电机、电器元件）			
8	按图纸要求重新布管穿线并进行绝缘检测，注意管内不允许有导线接头			

续表

序　号	工艺步骤、技术要求	使用仪器、仪表	本工序工时/h	备　注
9	按图对号接线，并检查接线的正确性			
10	检查接地电阻值，保证接地系统处于完好状态			
11	在接线无误的情况下进行运行调试			
12	配合机械做负载试验			
13	所有电气设备清理			
14	验收测试合格后，办理设备移交手续			
15	资料移交，包括图纸，安装技术记录，调整试验记录，绝缘试验报告等			

实施过程

走！开工喽！

 **工具、材料的准备**

1. 工具的准备

想一想，我们要准备哪些维修工具呢？

准备好工具并记录在表5-6中。

表5-6 工具清单

序 号	工具名称	规格型号	单 位	数 量

2. 电器元件的准备

根据T68卧式镗床电气原理图列出的电器元件缺损/更换明细表。每个人或每个工作小组按照材料明细表（见表5-7）向材料管理员领取。

表5-7 电气缺损、更换明细表

设备编号：　　　　　　　　　　　　　　　　　　　　　　型号名称：**T68卧式镗床**

部位	序号	代号	电器元件名称	规格型号	数量	制造办法 修理	制造办法 外购	制造办法 库存	备注
电气	1	M1	主轴旋转进给多速电机		1	√			
	2	M2	快速移动电机		1	√			
	3	QS1	电源组合开关	HZ10-60/3	1			√	
	4	Q1	照明开关		1			√	
	5	FU1	主回路熔断器（保护电源）	RL1-60	1			√	
	6	FU2	快速回路熔断器（保护M2）	RL1-15	1			√	
	7	FU3	控制回路熔断器（保护控制电路）	RL1-15	1			√	
	8	FU4	照明回路熔断器（保护照明电路）	RL1-15	1			√	
	9	FU5	电源指示灯回路熔断器	RL1-15	1			√	

续表

部位	序号	代号	电器元件名称	规格型号	数量	制造办法			备注
						修理	外购	库存	
电气	10	KM1	主轴正转接触器		1			√	
	11	KM2	主轴反转接触器		1			√	
	12	KM3	主轴制动接触器（短接R）		1			√	
	13	KM4	主轴电机接触器		1			√	
	14	KM5	主轴电机接触器		1			√	
	15	KM6	快速正转接触器（快进）		1			√	
	16	KM7	快速反转接触器（快退）		1			√	
	17	FR	主轴电机过载保护热继电器（保护M1）		1			√	
	18	KA1	主轴正转中间继电器		1			√	
	19	KA2	主轴反转中间继电器		1			√	
	20	KT	主轴高速延时启动继电器		1			√	
	21	KS	主轴反接制动速度继电器		1			√	
	22	R	主轴电机反接制动电阻器（限流电阻）		1			√	
	23	T	变压器		1			√	
	24	EL	照明灯具	JC6-2	1			√	
	25	HL	信号灯	DK1-0/6 V/2 W	1			√	
	26	SB1	主轴停止按钮	LA2	1			√	
	27	SB2	主轴正转启动按钮	LA2	1			√	
	28	SB3	主轴反接启动按钮	LA2	1			√	
	29	SB4	主轴正转点动按钮	LA2	1			√	
	30	SB5	主轴反转点动按钮	LA2	1			√	

续表

部位	序号	代号	电器元件名称	规格型号	数量	制造办法			备注
						修理	外购	库存	
电气	31	SQ1	主轴进刀与工作台移动互锁行程开关		1			√	
	32	SQ2	主轴进刀与工作台移动互锁行程开关		1			√	
	33	SQ3	进给变速时复位（行程开关）		1			√	
	34	SQ4	主轴变速时复位（行程开关）		1			√	
	35	SQ5	行程开关（进给变速手柄推上时压下）		1			√	
	36	SQ6	行程开关（主轴变速手柄推上时压下）		1			√	
	37	SQ7	接通高速限位开关（3000 r/min）		1			√	
	38	SQ8	快速移动正转限位开关		1			√	
	39	SQ9	快速移动反转限位开关		1			√	
	40		导线		1			√	

3. 材料导线的准备

元器件都检测了吗？

根据表5-8材料明细表准备好材料。

表5-8　材料明细表

序　号	名称及用途	型号及规格	数　量
1	主轴电动机动力线	黑色，BVR-2.5 mm^2	
2	快速进给电动机动力线	黑色，BVR-1.0 mm^2	
3	控制电路导线	红色，BVR-1.0 mm^2	
		白色，BVR-1.0 mm^2	
4	接地线	黄绿色，BVR-2.5 mm^2	
		黄绿色，BVR-1.0 mm^2	
5	冷压端子	UT2.5-3	
		UT1-3	
6	异型管	$\varnothing$2.5 mm^2	
		$\varnothing$1.0 mm^2	
7	绝缘胶布		
8	绕线管	$\varnothing$10 mm^2	
9	吸盘（带胶）	20×20 mm	
10	扎带	3×150 mm	

2 停电工作

（1）停电前口头、书面通知各部门做好生厂工作安排。

（2）拆除机床总电源线并挂警示牌以防误操作。

（3）停电后验明无电压后方可工作。

3 维修中

（1）拆线，做好相应记录。

（2）拆除的电器元件、变压器、电动机、螺丝等按类别分类、集中摆放，并妥善保管。

（3）电气控制箱清理。

（4）控制变压器保养维修。

变压器的维修保养是很重要的！

控制变压器的使用与维修（1）——控制变压器的结构

控制变压器是一种小型干式变压器，用作电器的控制电路，指示电路及局部照明灯的电源。变压器由铁芯和绕组两个基本部分组成。

（1）骨架。骨架一般都由塑料压制而成，也可以用胶合板及胶木化纤维板制作。

（2）绕组。小功率电源变压器的绕组一般都采用漆包线绕制，因为它有良好的绝缘，占用体积较小，价格也便宜。对于低压大电流的线圈，有时也采用纱包粗铜线绕制。

为了使变压器有足够的绝缘强度，绕组各层间均垫有薄的绝缘材料，如电容器纸、黄腊绸等。在某些需要高绝缘的场合还可使用聚醋薄膜和聚四氟乙烯薄膜等。

线圈绕制的顺序通常是初级线圈绕在线包的里面，然后再绕制次级线圈。为了避免干扰电压经变压器窜入无线电设备，在变压器的初、次级间还加有静电屏蔽层，以消除初、次级绕组间的分布电容引入的干扰电压。

为了便于散热，绕组和窗口之间应留有一定空隙，一般为1~3 mm，但也不能过大，以免使变压器的损耗增大。绕组的引出线，一般采用多股绝缘软线。对于粗导线绕制的绕组，可使用线圈本身的导线作为引出线，外面再加绝缘套管。

（3）铁芯。铁芯装入绕组后，必须将铁芯夹紧并予以固定，常用的方法有夹板条夹紧螺钉固定。对于数瓦的小功率变压器，则可使用夹子固定。

知识链接

控制变压器的使用与维修（2）——变压器大修工艺流程

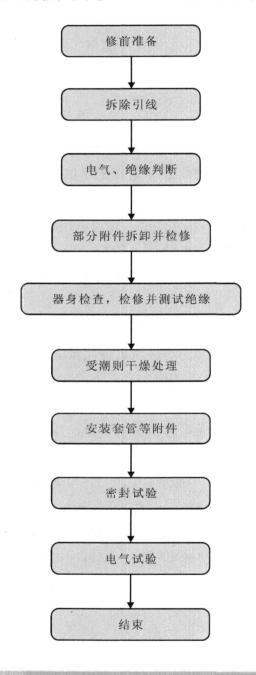

控制变压器的使用与维修（3）——变压器大修时部件检修工艺

1. 绕组检修

（1）检查相间隔板和围屏（宜解体一相），围屏应清洁无破损，绑扎紧固完整，分接引线出口处封闭良好，围屏无变形、发热和树枝状放电。如发现异常应打开其他两相围屏进行检查，相间隔板应完整并固定牢固。

（2）检查绕组表面应无油垢和变形，整个绕组无倾斜和位移，导线辐向无明显凸出现象，匝绝缘无破损。

（3）检查绕组各部垫块有无松动，垫块应排列整齐，辐向间距相等，支撑牢固有适当压紧力。

（4）检查绕组绝缘有无破损，油道有无被绝缘纸、油垢或杂物堵塞现象，必要时可用软毛刷（或用绸布、泡沫塑料）轻轻擦拭；绕组线匝表面、导线如有破损裸露则应进行包裹处理。

（5）用手指按压绕组表面检查其绝缘状态，给予定级判断，是否可用。

2. 引线及绝缘支架检修

（1）检查引线及应力锥的绝缘包扎有无变形、变脆、破损，引线有无断股、扭曲，引线与引线接头处焊接情况是否良好，有无过热现象等。

（2）检查绕组的引线长度、绝缘包扎的厚度、引线接头的焊接（或连接）、引线对各部位的绝缘距离、引线的固定情况等。

（3）检查绝缘支架有无松动和损坏、位移，检查引线在绝缘支架内的固定情况，固定螺栓应有防松措施，固定引线的夹件内侧应垫以附加绝缘，以防卡伤引线绝缘。

（4）检查引线与各部位之间的绝缘距离是否符合规定要求，大电流引线（铜排或铝排）与箱壁间距一般不应小于100 mm，以防漏磁发热，铜（铝）排表面应包扎绝缘，以防异物形成短路或接地。

3. 铁芯检修

（1）检查铁芯外表是否平整，有无片间短路、变色、放电烧伤痕迹，绝缘漆膜有无脱落，上铁轭的顶部和下铁轭的底部有无油垢杂物。

（2）检查铁芯上下夹件、方铁、绕组连接片的紧固程度和绝缘状况，绝缘连接片有无爬电烧伤和放电痕迹。为便于监测运行中铁芯的绝缘状况，可在大修时在变压器箱盖上加装一小套管，将铁芯接地线（片）引出接地。

（3）检查压钉、绝缘垫圈的接触情况，用专用扳手逐个紧固上下夹件、方铁、压钉等各部位紧固螺栓。

（4）用专用扳手紧固上下铁芯的穿心螺栓，检查与测量绝缘情况。

（5）检查铁芯接地片的连接及绝缘状况，铁芯只允许于一点接地，接地片外露部分应包扎绝缘。

（6）检查铁芯的拉板和钢带应紧固，并有足够的机械强度，还应与铁芯绝缘。

4. 整体组装

（1）整体组装前应做好下列准备工作：

①准备套管及所有附件；

②各器身进行清理，确认器身上无异物；

③各处接地片已全部恢复接地；

④工器具、材料准备已就绪。

（2）整体组装注意事项：

①变压器引线的根部不得受拉、扭及弯曲；

②器身检查、试验结束后，即可按顺序进行整体组装。

（5）电动机维修保养。

让我们回顾一下电动机维修的知识吧！

知 识 链 接

三相异步电动机的维修保养

（1）清洁电动机内外。先清除机壳表面的灰尘和污物，再拆开电动机，用皮老虎或2～3个表压力的压缩空气吹去灰尘，再用干布擦净污物，擦完后再吹一遍。

（2）清洗轴承。刮去轴承旧油，将轴承浸入柴油中洗刷干净，再用干净布擦干；洗净轴承盖；如果轴承可以继续使用，应加新润滑脂，电动机上常用的润滑脂有复合钙基润滑脂（ZFG-2、ZFG-3等）和锂基润滑脂（ZL-2、ZL-3等）两种。个别负载重、转速很高的轴承，可选用二硫化钼锂基润滑脂。

（3）检查电动机绕组及转子有无故障。绕组有无接地、短路、断路及老化现象（老化后颜色变成棕色），如有应及时处理；转子有无断条；测量绝缘电阻是否符合要求。

（4）检查定、转子铁芯有无相擦。观察定、转子铁芯有无相擦痕迹，如有应修正。

（5）检查电动机其它零部件是否齐全，有无磨损及损坏。

（6）清洁和检查启动设备、测量仪表及保护装置。清除灰尘及油污；检查启动设备的触头是否良好，接线是否牢固；各仪表是否准确；保护装置动作是否良好、准确。

（7）清洁和检查传动装置。清除灰尘和油污；检查皮带松紧程度；联轴器是否牢固，联接螺钉有无松动。

（8）平衡转子，必要时更换转子轴或更换风扇。

（9）检修重装滑环及整流子。

（10）试车检查。装配好电动机，测量绝缘电阻；检查各转动部分是否灵活；安装是否牢固；启动和运行时电压、电流是否正常，有无不正常的振动和噪音。

（11）绕线型电动机还要检修滑环和电刷装置。

电动机保养维修完毕，现在需要将它正确安装回机床！试试吧……

（6）安装电器元件。

机床控制线路装配很多次了！SO EASY！不过还是得仔细点！

要按照安装工艺卡安装流程完成T68卧式镗床电器元件的安装！

（7）安装电气控制线路。

按照接线图进行导线布线，并套上已编制线号的异型管。按照安装工艺流程，完成T68卧式镗床电气控制线路的安装。

（8）通电前的电气控制线路检查。

快想一想！电气线路检查的步骤和方法是什么？检查完毕记得填写安装检查记录表（见表5-9）！

表5-9　设备通电前电气安装检查记录表

设备名称			设备型号		检查时间	
内　容		序　号	检查项目			检查人
安装工艺检查	元件安装工艺规范	1	元器件安装完整并且牢固可靠　□			
		2	按钮、信号灯颜色正确　□			
		3	元器件接线端子、接点等带电裸露点之间间隔或与外壳、接点之间间隔符合要求　□			
		4	各元器件符号贴标正确位置正确　□			
	线路安装工艺规范	5	导线选择是否正确： 颜色□　规格□　材质□　类型□			
		6	导线连接工艺是否合格： 压接牢靠　□　漏铜□　导线入槽□　毛刺□ 冷压端子　□　线号□　端子线数□　接头□			
		7	穿线困难的管道，是否增添备用线　□			
		8	铺设导线，无穿线管采用尼龙扎带扎接　□			
		9	保护接地检查　□			
线路检查	短路检查	10	主电路相线间短路检查　□			
		11	交流控制电路相线间短路检查　□			
		12	相线与地线间短路检查　□			
	断路检查	13	主轴电机主、控制电路检查　□			
		14	快速进给电机主、控制电路检查　□			
		15	电源指示电路检查　□			
		16	照明电路检查　□			
	绝缘检查	17	主电路绝缘电阻大于1 MΩ　□			

续表

内容		序号	检查项目		检查人
线路检查	绝缘检查	18	控制电路绝缘电阻大于1MΩ	□	

说明：

（1）本表适用于设备通电前检查记录时使用。

（2）表中检查项目结束且正常项在对应"□"划"√"；未检查项不做标记，待下一步继续检查；非正常项在对应"□"划"×"

（9）运行试验。

①空载试车。

别忘了进行调试结果记录（在表5-10中）哟！

②带载试车。

表5-10　设备通电调试验收记录表

设备名称			设备型号		
项　目		序号	检查内容		检查结果
通电前准备		1	"设备通电前电气安装检查记录表"中所有项目已检查		
		2	所有电动机轴端与机床机械部件已分离		
		3	所有开关、熔断器都处于断开状态		
		4	检查所有熔断器、热继电器电流调定符合设计要求		
		5	连接设备电源后检查电压值应在380 V±10%范围内		
项　目		序号	操作内容	检查内容	检查结果
功能验收	试车准备	1	合上总电源开关	配电箱中是否有气味异常，若有应立即断电	

续表

项 目		序号	操作内容	检查内容	检查结果
功能验收	主轴功能验收	2	按下SB4	主轴电动机正转点动是否正确	
		3		各元器件动作是否灵活	
		4		TC、KM1是否噪声过大	
		5		TC、KM1线圈是否过热	
		6	按下SB5	主轴电动机反转点动是否正确	
		7		各元器件动作是否灵活	
		8		TC、KM1是否噪声过大	
		9		TC、KM1线圈是否过热	
		10	按下SB2	主电动机正向低速旋转是否正确	
		11		主轴速度选择手柄是否置于低速挡位	
		12		低速运行时速度选择手柄置于高速挡位，是否实现低速启动转为高速	
		13	按下SB3	主电动机反向低速旋转是否正确	
		14		主轴速度选择手柄是否置于低速挡位	
		15		低速运行时速度选择手柄置于高速挡位，是否实现低速启动转为高速	
		16	按下SB1	主电动机是否停止运行（正转、反转、高速、低速运行时）	
		17	主电动机在运行中将变速孔盘拉出	主轴断电停止旋转	
		18		转动变速手柄是否实现变速	
		19		是否能实现变速冲动	
		20		主电动机停转状态下是能否实现变速设定	
		21	连接传动机构	主轴电动机与传动装置连接是否牢固	
	快速移动功能验收	22	快速手柄扳向正向快速位置	快速正向进给是否正确	
		23	快速手柄扳向反向快速位置	快速反向进给是否正确	

续表

项目		序号	操作内容	检查内容	检查结果
功能验收	快速移动功能验收	24	连接传动机构	电动机与传动装置连接是否牢固	
		25	工作台、主轴箱自动快速进给时将主轴进给手柄扳至快速进给位置	主电动机、快速进给电动机是否停车	
	辅助功能验收	26	合Q1至照明开	照明灯是否点亮	
		27	断Q1至照明关	照明灯是否熄灭	
		28	合QS1	电源指示灯是否亮	
		29	断QS1	电源指示灯是否熄灭	
操作人（签字）： 年　　月　　日				检查人（签字）： 年　　月　　日	

（10）现场清理。

 严格按照"6S"标准执行。

 仔细点！

 项目资料整理、归档

1 整理T68卧式镗床大修资料

 看看，还有哪些资料漏掉了。。。

整理T68卧式镗床大修资料并记录在表5-11中。

表5-11　T68卧式镗床大修资料统计表

序　号	资料名称	数　量	备　注

2 撰写设备大修小结

撰写设备大修小结并填写记录。样表见表5-12。

表5-12　T68卧式镗床大修小结记录表

设备编号：	型号名称：T68卧式镗床
纪要	大修T68卧式镗床电气部分全面恢复，并经过调试、性能测试，运行情况良好
整修内容	电气全面进行整修，全部达到修理要求
性能测试情况	①主轴电动机运行良好，制动灵活； ②进给电动机工进、快进转换灵活，无噪声； ③各项控制动作全部正常
主修工人（签字）：	主修技术员（签字）：

项目移交

交工了！

我是检验员！得验收合格才行！

验收合格后填写设备移交单（见表5-13）。

表5-13 设备移交单

设备名称			设备型号		
一、主机及装在主机上的电气附件					
序 号	名 称		规 格	数 量	备 注
二、技术文件					
操作人（签字）： 年 月 日		派工人（签字）： 年 月 日		接收人（签字）： 年 月 日	

工作小结

任务刚刚结束，赶紧做个小结吧！

这是我做的最骄傲的事！

这是我该反思的内容！

这是我要持续改进的内容！

项目2 T68卧式镗床电气控制系统的PLC改造

任务描述

赶快，看看我们的任务吧！

　　某企业的一台T68卧式镗床经多年使用，电气控制线路器件老化造成电气控制故障频繁，需要进行大修改造。该镗床原为传统的继电器接触器控制系统，为提高整个电气控制系统的工作性能，减少维护、维修工作量，增加其可扩展性，更好地满足实际生产的需要，提高生产率，设备科决定采用三菱FX2n-48MR型PLC对T68卧式镗床的控制系统进行改造。

还等什么？签领派工单（见表5-14）吧！

表5-14　机加车间设备故障（事故）维修申报书

<table>
<tr><td rowspan="5">操作者填写</td><td colspan="2">设备编号</td><td>设备名称</td><td>设备型号</td><td>操作人姓名</td><td>班组组长</td></tr>
<tr><td colspan="2">XD</td><td>镗床</td><td>T68</td><td>东东</td><td></td></tr>
<tr><td colspan="5">故障（事故）申报时间：　　2012 年 11 月 12 日</td></tr>
<tr><td colspan="5">故障（事故）现象（故障详细信息）：
该T68卧式镗床投入使用时间已有多年，由于控制线路老化，已影响正常生产任务。报备设备维修班组对该机床电气部分进行PLC改造。请维修班组根据现有资源，制定改造方案，进行控制系统的设计，完成T68卧式镗床PLC控制线路的安装、调试，功能验收合格后，交付生产部负责人</td></tr>
<tr><td colspan="5"></td></tr>
<tr><td rowspan="2">维修人员填写</td><td colspan="5">故障（事故）判定、检测及维修方案：

　　　　　　　　负责人（签字）：</td></tr>
<tr><td colspan="5">维修需更换部件明细（技术参数说明）：

　　　　　　　　负责人（签字）：</td></tr>
<tr><td rowspan="3">设备员填写</td><td colspan="5">外购件筹备情况（货到情况和日期）：</td></tr>
<tr><td colspan="5">事故设备"四不放过"实施和对操作者实施教育：</td></tr>
<tr><td colspan="5">通知生产及相关人员 □　　上报车间 □　　上报主管部门 □</td></tr>
<tr><td rowspan="1">维修人员填写</td><td colspan="5">故障（事故）设备维修方案实施情况及结果：

　　　　　　　　负责人（签字）：</td></tr>
<tr><td colspan="6">修复日期：　　　　　　年　　　　　　月　　　　　　日</td></tr>
<tr><td colspan="6">维修费用：</td></tr>
<tr><td colspan="6">操作人（签字）：　　　　　　　维修人（签字）：　　　　　　　班组组长（签字）：</td></tr>
</table>

背景知识储备

先了解一下什么是PLC？PLC改造又有怎样的意义呢？

1. PLC

可编程序控制器（Programmable Controller）是计算机家族中的一员，是为工业控制应用而设计制造的，以微处理器为基础，综合了计算机技术、自动控制技术、通信技术等高新技术，而在近年来发展迅速、应用极广的一类工业装置。

早期的可编程序控制器称做可编程逻辑控制器（Programmable Logic Controller），简称PLC。它主要用来代替继电器实现逻辑控制，随着技术的发展，这种装置的功能已经大大超过了逻辑控制的范围。因此，今天这种装置称做可编程控制器，简称PC。但是为了避免与个人计算机（Personal Computer）的简称混淆，所以仍将可编程序控制器简称为PLC。

国际电工委员会（IEC）1987年颁布的"可编程序控制器标准草案"中对PLC作了定义：可编程序控制器是一种数字运算操作的电子系统，专为工业环境应用而设计的，它采用一类可编程的存储器用于其内部存储程序执行逻辑运算、顺序控制、定时、计数与算术操作等面向用户的指令，并通过数字或模拟式输入/输出控制各种类型的机械或生产过程，可编程控制器及其有关外部设备都按要求与控制系统连成一个整体，易于扩充其功能的原则设计。

总之，可编程控制器是一种专为工业环境应用而设计制造的专用计算机，它具有丰富的输入/输出接口，并且具有较强的驱动能力，但可编程控制器产品并不针对某一具体工业应用，在实际应用时其硬件需根据实际需要进行选用、配置，其软件需根据控制要求进行设计编制。

2. PLC硬件系统结构图

PLC 硬件系统结构如图5-19所示。

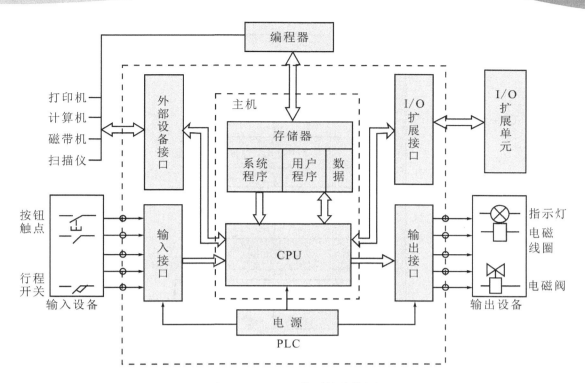

图5-19　PLC硬件系统结构图

3. PLC的工作方式

PLC 采用"顺序扫描、不断循环"的方式进行工作。其工作过程分为输入采样、程序执行和输出刷新三个阶段，并进行周期循环。一条指令所需时间一般不超过 100 ms。

图5-20为PLC工作流程图。

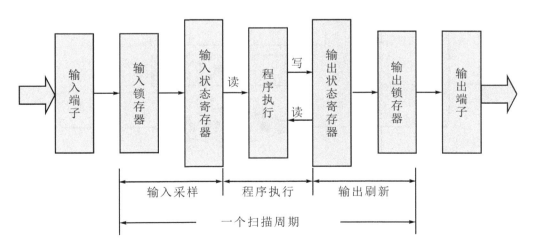

图5-20　PLC工作流程

4. PLC程序设计流程

PLC程序设计流程如图5-21所示。

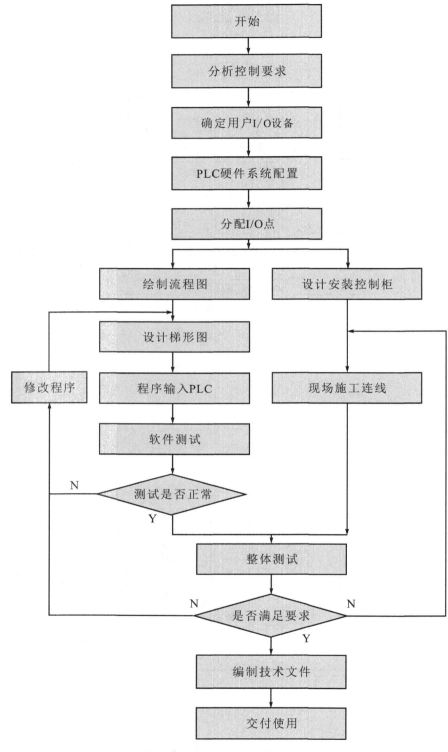

图5-21 PLC程序设计流程图

5. PLC编程语言

梯形图、指令表、顺序功能图、功能块图、结构文体。

6. PLC基本指令

PLC的基本指令见表5-15。

表5-15　PLC基本指令

助记符名称	功　能	梯形图表示及可用元件
[LD] 取	逻辑运算开始与左母线连接的常开触点	
[LDI] 取反	逻辑运算开始与左母线连接的常闭触点	
[LDP] 取脉冲上升沿	逻辑运算开始与左母线连接的上升沿检测	
[LDF] 取脉冲下降沿	逻辑运算开始与左母线连接的下降沿检测	
[AND] 与	串联连接常开触点	
[ANI] 与非	串联连接常闭触点	
[ANDP] 与脉冲上升沿	串联连接上升沿检测	
[ANDF] 与脉冲下降沿	串联连接下降沿检测	
[OR] 或	并联连接常开触点	
[ORI] 或非	并联连接常闭触点	
[ORP] 或脉冲上升沿	并联连接上升沿检测	
[ORF] 或脉冲下降沿	并联连接下降沿检测	

续表

助记符名称	功能	梯形图表示及可用元件
[OUT] 输出	线圈驱动指令	YMSTC
[SET] 置位	线圈接通保持指令	SET YMS
[RST] 复位	线圈接通清除指令	SET YMSTCD

7. FX2N PLC认识

通过图5-22，让我们对**FX2N PLC**有一个基本的认识。

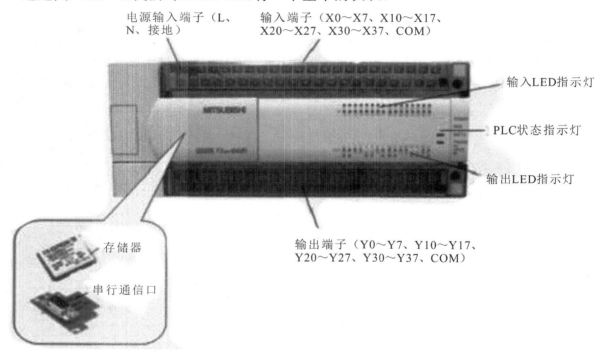

图5-22　FX2N PLC外部结构图

8. 镗床改造的意义

在工业控制领域，为了实现弱电对强电的控制，使机械设备实现预期的要求，继电器系统曾被广泛使用并占主导地位。虽然它具有结构简单、易学易懂、价格便宜的优点，但其控制过程是由硬件接线的方式实现的，如果某一个继电器损坏，甚至仅仅是一对触点接触不良，就可能造成系统的瘫痪，而故障的查找和排除又往往是困难的，需要花费很长时间。如果产品更新换代，则需要改变整个系统的控制周期。可见，继电器控制系统存在着可靠性低、适应性差的缺点，给人们在使用上带来很大的不便和遗憾。机床作为工作母机，对电气的控制也有很高的要求，而PLC具有可靠性高、抗干扰能力强、编程简单、使用方便、控制程序可变、体积小、质量轻、功能强和价格低廉等特点，对镗床的控制电路进行PLC的改造，不仅简化了镗床的电气控制方式，提高了机床电气的使用寿命，而且将机械加工设备的功能、效率、柔性提高到一个新的水平，改善产品的加工质量，降低设备故障率，提高生产效率，其经济效率显著。

PLC应用示例

笼型电动机正反转控制电路的PLC设计（如图5-23所示）。

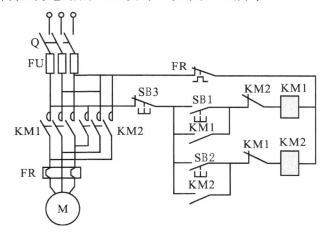

图5-23　笼型电动机正反转控制电路

I/O分配表（见表5-16）：

表5-16　I/O分配表

输入	输出
SB3　X0	KM1　Y1
SB1　X1	KM2　Y2
SB2　X2	

外部接线图（如图5-24所示）：

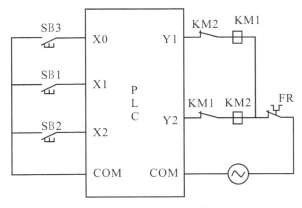

图5-24　外部接线图

梯形图（如图5-25所示）：

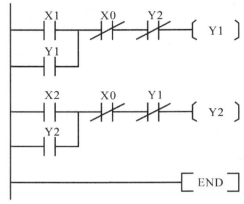

图5-25　梯形图

指令表（见表5-17）：

表5-17　指令表

步语句	指　令	元　素
0	LD	X1
1	OR	Y1
2	ANI	X0
3	ANI	Y2
4	LD	X2
5	OR	Y2
6	ANI	X0
7	ANI	Y1
8	OUT	Y2

练一练！

完成三相笼型异步电动机星-三角减压启动控制电路的PLC设计，如图5-26所示。

太棒了！我来试试…

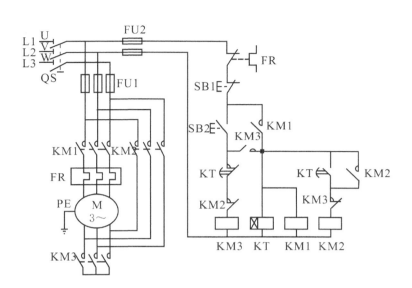

图5-26　三相笼型异步电动机星-三角减压启动控制电路

I/O分配：

外部接线图：

梯形图：

指令表：

嗯！机床PLC改造的优点还真多啊！赶快了解一下PLC改造的内容和步骤吧！

9. 机床电气控制系统PLC改造的流程图

机床电气控制系统PLC改造的流程如图5-27所示。

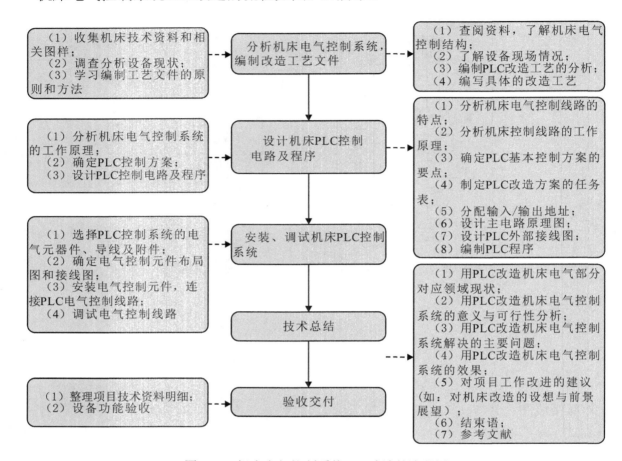

（1）收集机床技术资料和相关图样；
（2）调查分析设备现状；
（3）学习编制工艺文件的原则和方法

→ 分析机床电气控制系统，编制改造工艺文件 →

（1）查阅资料，了解机床电气控制结构；
（2）了解设备现场情况；
（3）编制PLC改造工艺的分析；
（4）编写具体的改造工艺

（1）分析机床电气控制系统的工作原理；
（2）确定PLC控制方案；
（3）设计PLC控制电路及程序

→ 设计机床PLC控制电路及程序 →

（1）分析机床电气控制线路的特点；
（2）分析机床控制线路的工作原理；
（3）确定PLC基本控制方案的要点；
（4）制定PLC改造方案的任务表；
（5）分配输入/输出地址；
（6）设计主电路原理图；
（7）设计PLC外部接线图；
（8）编制PLC程序

（1）选择PLC控制系统的电气元器件、导线及附件；
（2）确定电气控制元件布局图和接线图；
（3）安装电气控制元件，连接PLC电气控制线路；
（4）调试电气控制线路

→ 安装、调试机床PLC控制系统

技术总结

（1）用PLC改造机床电气部分对应领域现状；
（2）用PLC改造机床电气控制系统的意义与可行性分析；
（3）用PLC改造机床电气控制系统解决的主要问题；
（4）用PLC改造机床电气控制系统的效果；
（5）对项目工作改进的建议（如：对机床改造的设想与前景展望）；
（6）结束语；
（7）参考文献

（1）整理项目技术资料明细；
（2）设备功能验收

→ 验收交付

图5-27　机床电气控制系统PLC改造的流程图

制定工作计划和方案

让我们想想！要制定工作计划首先做什么？

我知道！要收集机床技术资料及图纸，分析设备现状！

T68卧式镗床结构、运动形式、控制要求等参见任务五项目1中的内容。

练一练！

（1）T68卧式镗床的结构主要有_____、_____、_____、后立柱、_____、下溜板、上溜板、_____。

（2）T68卧式镗床的运动形式主要有_____、_____、辅助运动。

图5-28～图5-30分别为T68卧式镗床的主视图、左视图、右视图，根据图查看T68卧式镗床电器元件位置。

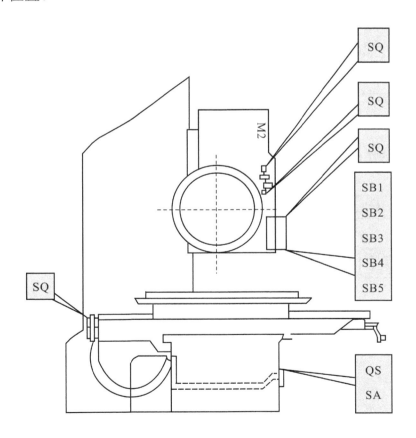

图5-28　T68卧式镗床主视图

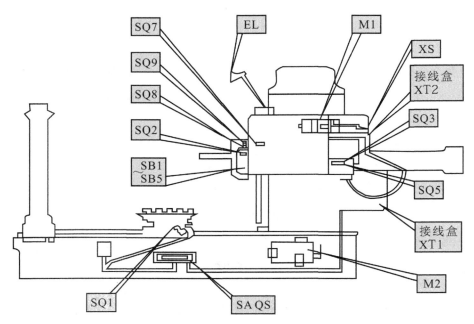

图5-29　T68卧式镗床左视图

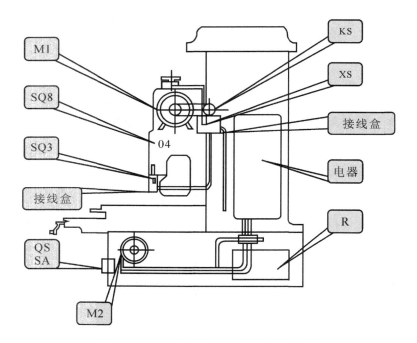

图5-30　T68卧式镗床电器位置右视图

电气原理图（如图5-31所示）和接线图（如图5-32所示）我们测绘分析过，还记得吗？

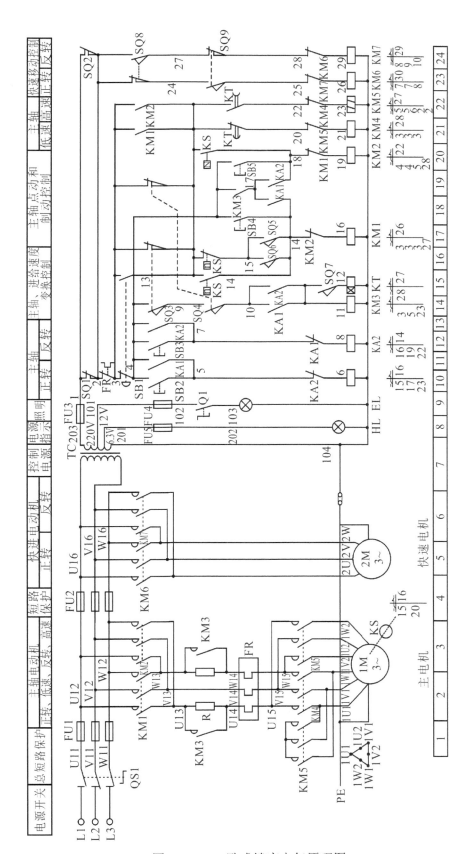

图5-31　T68卧式镗床电气原理图

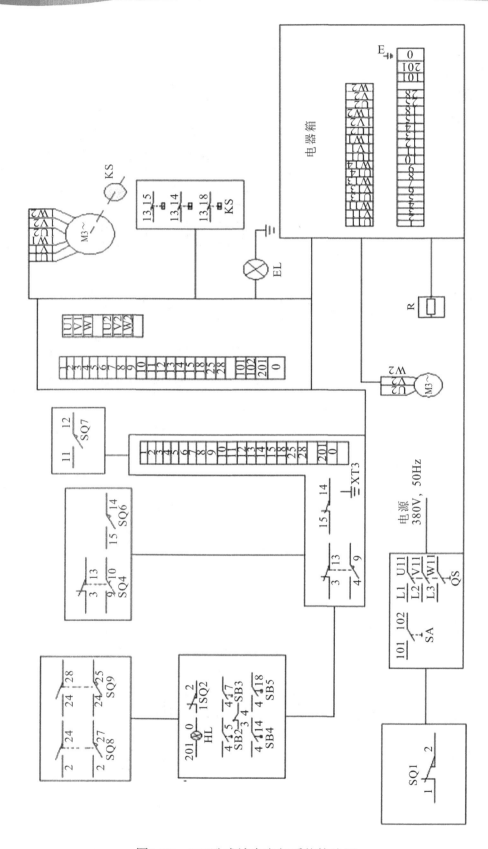

图5-32 T68卧式镗床电气系统接线图

练一练！

请描述一下T68卧式镗床各电器元件的作用并填写在表5-18中。

表5-18　T68卧式镗床电器元件明细表

序　号	代　号	用　途	备　注
1	M1		
2	M2		
3	QS1		
4	Q1		
5	FU1		
6	FU2		
7	FU3		
8	FU4		
9	FU5		
10	KM1		
11	KM2		
12	KM3		
13	KM4		
14	KM5		
15	KM6		
16	KM7		
17	FR		
18	KA1		
19	KA2		
20	KT		
21	KS		

续表

序 号	代 号	用 途	备 注
22	R		
23	T		
24	EL		
25	HL		
26	SB1		
27	SB2		
28	SB3		
29	SB4		
30	SB5		
31	SQ1		
32	SQ2		
33	SQ3		
34	SQ4		
35	SQ5		
36	SQ6		
37	SQ7		
38	SQ8		
39	SQ9		

嗯！机床的控制很清晰啦，下一步，需要了解改造前设备的详细情况并记录在表5-19中。

表5-19　设备修前情况记录表

设备编号		设备名称	T68镗床	型号规格	
制造单位		复杂系数	19：10	类别：类级	
主要状态： （1）配电箱电器陈旧、电线老化； （2）管线老化； （3）主线路、控制线路线号脱落严重且模糊不清，电线老化； （4）电器元件老化					
需要改装或补充的附件： 　　加装PLC					
申请部门					
生产组长（签字）：　　　　主管（签字）：　　　　操作员（签字）：　　　年　　　月　　　日					
设备科复查补充病态： 机床控制线路老化，元器件老化					
鉴定结论：	机床配电箱更新，线管更新，控制电路改造为PLC控制，电器元件全部更新				

填写PLC改造工艺卡（见表5-20）喽！

表5-20　PLC改造工艺卡

设备名称	型号	制造厂名	出厂年月	使用单位	大修编号	总工时	技术人员	主修人员
卧式镗床	T68	XX机床厂	1999年	机加工车间	05—07			

序　号	工艺步骤、技术要求	使用仪器、仪表	本工序工时/h	备　注
1	收集设计资料和相关图样，编制工艺文件 要求：资料齐全，图样齐全；编制工艺文件步骤和要求正确，计划得当，措施齐全	—		
2	机械部分和润滑部分的检查与调试 要求：T68卧式镗床机械部分运转是否正常，对需要润滑的部分进行润滑			
3	切断T68卧式镗床总电源，做好预防性安全措施及准备工作 要求：明确安全措施和责任	万用表或兆欧表		

续表

序　号	工艺步骤、技术要求	使用仪器、仪表	本工序工时/h	备　注
4	部分电器元件的选择与更换 要求：填写电器元件缺损明细表，按要求选择电器元件			
5	利用编程软件进行编程设计 要求：程序设计正确，合理优化；电路图、接线图正确	带PLC编程软件的计算机		
6	主电路重新布线 要求：按布线工艺进行布线，要求整齐美观	万用表或兆欧表		
7	控制电路重新布线 要求：按要求正确选择导线，按布线工艺进行，要求整齐美观	万用表或兆欧表		
8	可编程控制器的安装与调试 要求：正确安装可编程控制器，使PLC与计算机顺利通信，调试程序及系统正确运行	带PLC编程软件的计算机		
9	设备改造合格后，办理设备移交手续，进行资料移交，包括技改图样、安装技术记录和调整试运行记录	万用表或兆欧表		

实施过程

走！开工喽！

1 确定T68卧式镗床PLC控制方案

1. 确定T68卧式镗床PLC基本控制方案要点

通过对T68卧式镗床控制电路的分析可知，T68卧式镗床电气控制系统含有时间控制，用一台PLC改造其控制线路即可完成该机床的电气改造。具体方案如下：

（1）原镗床的工艺加工的方法不变；

（2）在保留主电路的原有元件基础上，不改变原控制系统的电气操作方法；

（3）电气控制系统控制元件（包括按钮、行程开关、热继电器、接触器）的作用与原电气线路相同，原时间继电器执行的任务由PLC的定时器完成；

（4）主轴和进给启动、制动、低速、高速及变速冲动的操作方法不变；

（5）改造原继电器控制中的硬件接线，由PLC编程实现。

2. 制定PLC改造方案任务表

制定PLC改造方案并记录在表5-21中。

表5-21　PLC改造方案任务表

序　号	内　容	控制方案	备　注
1	主电路		
2	主轴电动机控制电路		
3	快速移动电动机控制电路		
4	指示和照明电路		
5	导线		
6	元器件		

3. 分配PLC控制系统输入、输出地址

T68卧式镗床电路中输入、输出信号共有22个，其中输入15个，输出7个。实际使用时系统的输入都为开关控制量，同时加上10%～15%的余量就可以了，并没有其他特殊。控制模块的需要，考虑到学校的设备及学员的实验情况，所以采用三菱FX2N-48MR型PLC。PLC输入、输出（I/O）分配见表5-22。

表5-22　I/O分配表

输　入				输　出			
名　称	用　途	代　号	输入点编号	名　称	用　途	代　号	输入点编号
按钮	主轴停止	SB1	X000	交流接触器	控制M1正转	KM1	Y000
按钮	主轴正转	SB2	X001	交流接触器	控制M1反转	KM2	Y001
按钮	主轴反转	SB3	X002	交流接触器	控制M1低速	KM4	Y002
按钮	主轴正向点动	SB4	X003	交流接触器	控制M1高速	KM5	Y003
按钮	主轴反向点动	SB5	X004	交流接触器	控制M1短接电阻器R	KM3	Y004

输 入				输 出			
名 称	用 途	代 号	输入点编号	名 称	用 途	代 号	输入点编号
行程开关	主轴联锁保护	SQ1	X005	交流接触器	控制M2正转	KM6	Y005
行程开关	主轴连锁保护	SQ2	X006	交流接触器	控制M2反转	KM7	Y006
行程开关	主轴变速控制	SQ3	X007				
行程开关	进给变速控制	SQ4	X010				
行程开关	主轴变速控制	SQ5	X011				
行程开关	进给变速控制	SQ6	X012				
行程开关	高速控制	SQ7	X013				
行程开关	反向快速进给	SQ8	X014				
行程开关	正向快速进给	SQ9	X015				
速度继电器	主轴制动用	KS	X017				

4. 设计PLC控制系统电路图

1）主电路原理图

根据T68的PLC改选方案可知，原镗床的工艺加工方法不变，在保留主电路的原有元件的基础上，不改变原控制系统电气操作方法，即主电路保持不变。即：

（1）主电动机的双速由接触器KM6及KM7实现定子绕组从三角形接法转接成双星形接法来实现。

（2）主电动机可正反转、点动及反接制动。

（3）主电动机用低速时，可直接启动；但用高速时，则由控制线路先启动到低速，延时后再自动转换到高速，以减小启动电流。

（4）在主轴变速或进给变速时主电动机能缓慢转动，使齿轮易于啮合。

主电路保持不变，T68型卧式镗床主电路电气原理图如图5-33所示。

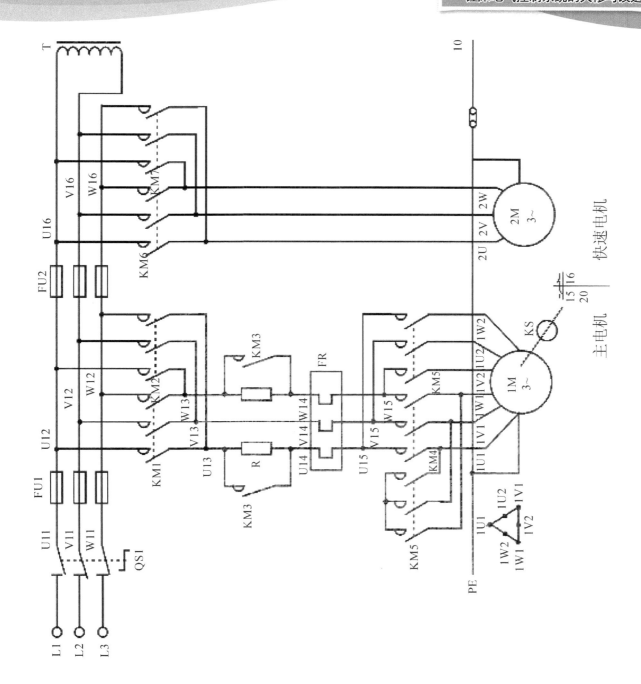

图5-33　T68卧式镗床主电路电气原理图

2）PLC外部接线图

根据PLC的输入和输出分配表，设计T68卧式镗床控制系统PLC外部接线图，如图5-34所示。

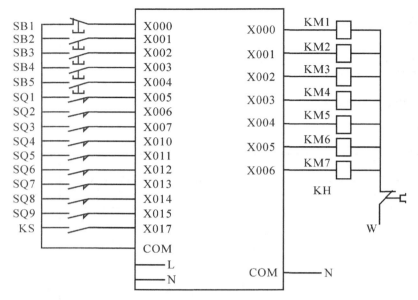

图5-34　T68卧式镗床电气控制系统PLC外部接线图

5. 编制PLC控制程序

根据T68卧式镗床的工作特点及控制要求，采用三菱公司开发的三菱全系列编程软件并在计算机上设计梯形图。首先，采用化整为零的方法，按被控的对象和各个控制功能，逐一设计出主电动机M1的梯形图和M2的梯形图；再"积零为整"，完善相互关系，设计出整体控制梯形图；然后将梯形图转化为指令语句，采用编程软件把指令输入到PLC中；再经反复几次的调试，修改后的参考梯形图如图5-35所示。

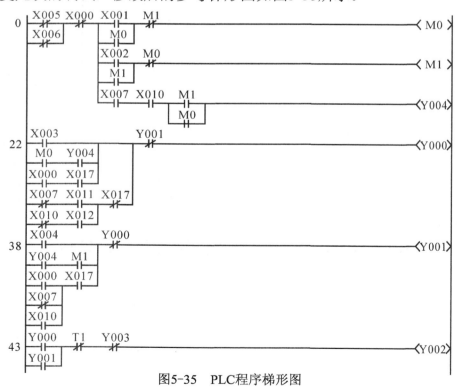

图5-35　PLC程序梯形图

2 工具材料准备

1. 列所需设备清单

列所需设备清单见表5-23。

表5-23 设备清单

序 号	名 称	型号规格
1	可编程序逻辑控制器	FX$_{2N}$-48MR
2	计算机	Pentium4或自选
3	FX2编程软件	一
4	数据通讯线	

2. 电器元件准备

通过现场统计列写T68卧式镗床改造电器元件缺损明细表（见表5-24）和处理措施。

表5-24 电器元件缺损\更换明细表

设备编号：						型号名称：T68镗床			
部位	序号	代号	电器元件名称	规格型号	数量	制造办法			备注
						修理	外购	库存	
电气	1	M1	主轴旋转进给多速电机		1				保留
	2	M2	快速移动电机		1				保留
	3	QS1	电源组合开关		1			√	
	4	Q1	照明开关		1			√	
	5	FU1	主回路熔断器（保护电源）		1			√	
	6	FU2	快速回路熔断器（保护M2）		1			√	
	7	FU3	控制回路熔断器（保护控制电路）		1			√	
	8	FU4	照明回路熔断器（保护照明电路）		1			√	
	9	FU5	电源指示灯回路熔断器		1			√	
	10	KM1	主轴正转接触器		1			√	

部位	序号	代号	电器元件名称	规格型号	数量	制造办法			备注
						修理	外购	库存	
	11	KM2	主轴反转接触器		1			√	
	12	KM3	主轴制动接触器（短接R）		1			√	
	13	KM4	主轴电机接触器		1			√	
	14	KM5	主轴电机接触器		1			√	
	15	KM6	快速正转接触器（快进）		1			√	
	16	KM7	快速反转接触器（快退）		1			√	
	17	FR	主轴电机过载保护热继电器（保护M1）		1			√	
	18	KA1	主轴正转中间继电器		1			√	
	19	KA2	主轴反转中间继电器		1			√	
	20	KT	主轴高速延时启动继电器		1			√	
	21	KS	主轴反接制动速度继电器		1			√	
	22	R	主轴电机反接制动电阻器（限流电阻）		1			√	
	23	T	变压器		1			√	
	24	EL	照明灯具		1			√	
	25	HL	信号灯		1			√	
	26	SB1	主轴停止按钮		1			√	
	27	SB2	主轴正转启动按钮		1			√	
	28	SB3	主轴反转启动按钮		1			√	
	29	SB4	主轴正转点动按钮		1			√	
	30	SB5	主轴反转点动按钮		1			√	
	31	SQ1	主轴进刀与工作台移动互锁行程开关		1			√	
	32	SQ2	主轴进刀与工作台移动互锁行程开关		1			√	

续表

部位	序号	代号	电器元件名称	规格型号	数量	制造办法 修理	制造办法 外购	制造办法 库存	备注
	33	SQ3	进给变速时复位（行程开关）		1			√	
	34	SQ4	主轴变速时复位（行程开关）		1			√	
	35	SQ5	行程开关（进给变速手柄推上时压下）		1			√	
	36	SQ6	行程开关（主轴变速手柄推上时压下）		1			√	
	37	SQ7	接通高速限位开关（3000 r/min）		1			√	
	38	SQ8	快速移动正转限位开关		1			√	
	39	SQ9	快速移动反转限位开关		1			√	
	40		导线		1		√		

3. 导线材料的准备

准备导线材料并记录在表5-25中。

表5-25　导线材料清单

序　号	名　称	规　格	数　量	单　位	用　途
1	软铜线			m	主电路
2	软铜线			m	控制电路
3	软线			m	控制电路
4	紧固件	M4×20螺钉	若干	只	
5	紧固件	M4×12螺钉	若干	只	
6	紧固件	⌀4平垫圈	若干	只	
7	紧固件	⌀4弹簧垫圈及⌀4螺母	若干	只	
8	异型管		2	m	

4. 确定电器元件布置图和接线图

首先绘制电器元件布置图（如图5-36所示），再根据元件布置图和配电盘电气接线图绘制系统接线图（如图5-37所示）。

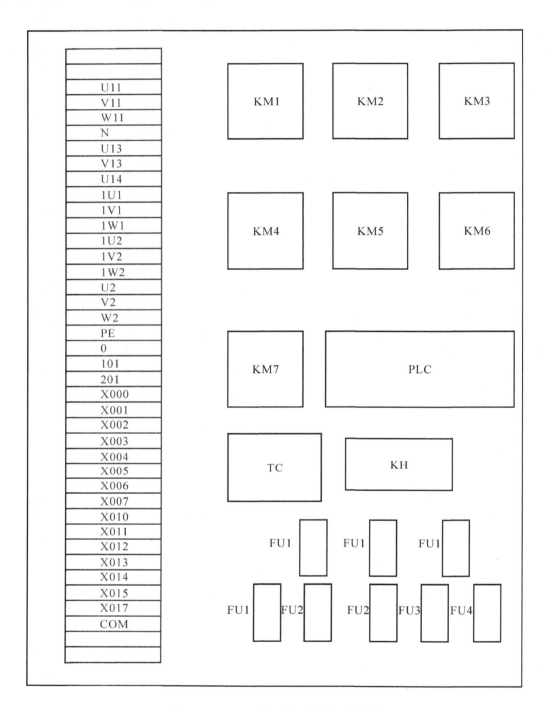

图5-36　PLC改造后电器元件布置图

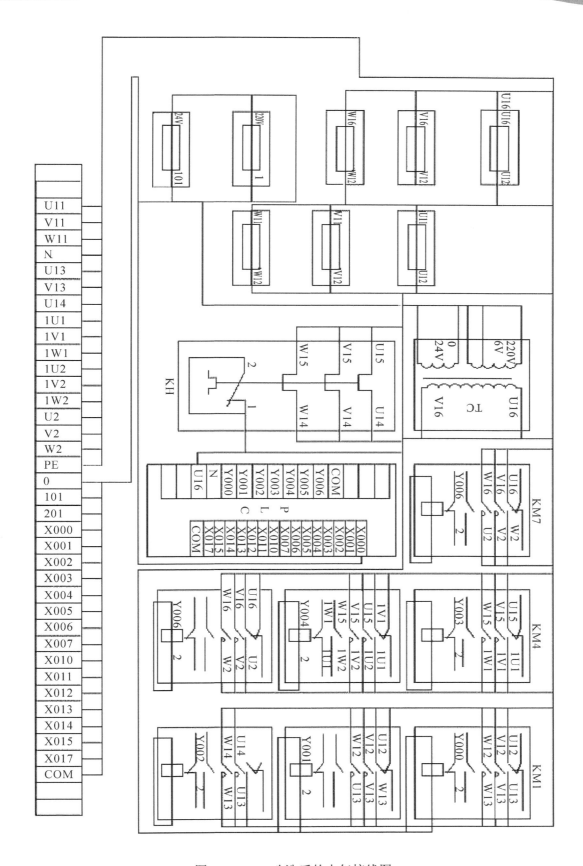

图5-37　PLC改造后的电气接线图

3 停电工作

（1）停电前口头、书面通知各部门做好生厂工作安排。

（2）拆除机床总电源线并挂警示牌以防误操作。

（3）停电后验明无电压后方可工作。

4 维修中

（1）拆线，做好相应记录。

（2）拆除电器元件、变压器、电动机、螺丝等，按类别分类，集中摆放，妥善保管。

（3）电气控制箱清理。

（4）安装电器元件。在控制面板上按布置图安装所有电器元件，并贴上醒目的文字符号。安装时，组合开关、熔断器的受电端子应安装在控制板的外侧；元件排列要整齐、匀称，间距合理，以便于元件的更换；紧固元件时用力要均匀，紧固程度适当，做到既要使元件安装牢固，又不损坏元件。

（5）安装电气控制线路。根据板前线槽工艺连接PLC电气控制线路。在对PLC进行外部接线前，必须仔细阅读PLC使用说明书中对接线的要求，因为这关系到PLC能否正常而可靠的工作，是否会损坏PLC或其他电气装置和零件，是否会影响PLC的使用寿命。

（6）通电前的电气控制线路检查。按通电前的电气安装检查表完成检查，并将检查结果填入表5-26中。

表5-26　设备通电前电气安装检查记录表

设备名称			设备型号		检查时间	
内　容		序　号	检查项目			检查人
安装工艺检查	元件安装工艺规范	1	元器件安装完整并且牢固可靠	□		
		2	按钮、信号灯颜色正确	□		
		3	元器件接线端子、接点等带电裸露点之间间隔或与外壳、接点之间间隔符合要求	□		
		4	各元器件符号贴标正确位置正确	□		
	线路安装工艺规范	5	导线选择是否正确： 颜色□　规格□　材质□　类型□			
		6	导线连接工艺是否合格： 压接牢靠□　漏铜□　导线入槽□　毛刺□ 冷压端子□　线号□　端子线数□　接头□			
		7	穿线困难的管道，是否增添备用线	□		

续表

内容		序号	检查项目		检查人
安装工艺检查	线路安装工艺规范	8	铺设导线，无穿线管采用尼龙扎带扎接	□	
		9	保护接地检查	□	
线路检查	短路检查	10	主电路相线间短路检查	□	
		11	交流控制电路相线间短路检查	□	
		12	相线与地线间短路检查	□	
	断路检查	13	主轴电机主、控制电路检查	□	
		14	快速进给电机主、控制电路检查	□	
		15	电源指示电路检查	□	
		16	照明电路检查	□	
	绝缘检查	17	主电路绝缘电阻 大于1 MΩ	□	
		18	控制电路绝缘电阻大于1MΩ	□	

说明：

（1）本表适用于设备通电前检查记录时使用。

（2）表中检查项目结束且正常项在对应"□"划"√"；未检查项不做标记，待下一步继续检查；非正常项在对应"□"划"×"

（7）运行试验。

①空载试车。先进行空载调试，空载调试全部完成后，要在现场再做一次完整的检查，去掉中间检查用的临时配线和临时布置的信号，将现场做成真正使用的状态。

②负载试车。

a.验证系统功能是否符合控制要求。

b.如果出现故障，应独立检修。线路检修完毕并且梯形图修改完毕后应重新调试，直到系统能够正常工作。

c.设备调试完成后，将结果记录在表5-27中。

表5-27　设备通电调试验收记录表

设备名称				设备型号		
项　目	**序号**		**检查内容**			**检查结果**
通电前准备	1		"设备通电前电气安装检查记录表"中所有项目已检查			
	2		所有电动机轴端与机床机械部件已分离			
	3		所有开关、熔断器都处于断开状态			
	4		检查所有熔断器、热继电器电流调定符合设计要求			
	5		连接设备电源后检查电压值应在380 V±10%范围内			
项　目	**序号**	**操作内容**		**检查内容**		**检查结果**
功能验收	试车准备	1	合上总电源开关	配电箱中是否有气味异常，若有应立即断电		
	主轴功能验收	2	按下SB4	主轴电动机正转点动是否正确		
		3		各元器件动作是否灵活		
		4		TC、KM1是否噪声过大		
		5		TC、KM1线圈是否过热		
		6	按下SB5	主轴电动机反转点动是否正确		
		7		各元器件动作是否灵活		
		8		TC、KM1是否噪声过大		
		9		TC、KM1线圈是否过热		
		10	按下SB2	主电动机正向低速旋转是否正确		
		11		主轴速度选择手柄是否置于低速挡位		
		12		低速运行时速度选择手柄置于高速挡位，是否实现低速启动转为高速		
		13	按下SB3	主电动机反向低速旋转是否正确		
		14		主轴速度选择手柄是否置于低速挡位		
		15		低速运行时速度选择手柄置于高速挡位，是否实现低速启动转为高速		

续表

项　目		序号	操作内容	检查内容	检查结果
功能验收	主轴功能验收	16	按下SB1	主电动机是否停止运行 （正转、反转、高速、低速运行时）	
		17	主电动机在运行中将变速孔盘拉出	主轴断电停止旋转	
		18		转动变速手柄是否实现变速	
		19		是否能实现变速冲动	
		20		主电动机停转状态下是能否实现变速设定	
		21	连接传动机构	主轴电动机与传动装置连接是否牢固	
	快速移动功能验收	22	快速手柄扳向正向快速位置	快速正向进给是否正确	
		23	快速手柄扳向反向快速位置	快速反向进给是否正确	
		24	连接传动机构	电动机与传动装置连接是否牢固	
		25	工作台、主轴箱自动快速进给时将主轴进给手柄扳至快速进给位置	主电动机、快速进给电动机是否停车	
	辅助功能验收	26	合Q1至照明开	照明灯是否点亮	
		27	断Q1至照明关	照明灯是否熄灭	
		28	合QS1	电源指示灯是否点亮	
		29	断QS1	电源指示灯是否熄灭	
操作人（签字）： 　　年　　月　　日				检查人（签字）： 　　年　　月　　日	

（8）清理现场。

严格按照6S标准执行

仔细点！

 项目资料整理、归档

1 整理T68镗床PLC改造资料

 看看，还有哪些资料漏掉了。。。

整理PLC改造资料并记录在表5-28中。

表5-28　T68卧式镗床PLC改造资料统计表

序　号	资料名称	数　量	备　注

2 撰写设备PLC改造技术总结

项目移交

交工了！

我是检验员！得验收合格才行！

验收合格填写设备移交单（见表5-29）。

表5-29　设备移交单

设备名称			设备型号	
一、主机及装在主机上的电气附件				
序　号	名　　称	规　格	数　量	备　注
二、技术文件				
操作人（签字）： 　　　年　　月　　日		派工人（签字）： 　　　年　　月　　日		接收人（签字）： 　　　年　　月　　日

工作小结

任务刚刚结束，赶紧做个小结吧！

这是我做的最骄傲的事！

这是我该反思的内容！

这是我要持续改进的内容！

拓展知识

通过对镗床的电气控制系统的大修，了解卧式镗床的实际生产过程。下面介绍一些在工厂里用卧式镗床进行生产时应具备的基本知识。

1. 卧式镗床的安全文明生产

文明生产是工厂管理的一项重要内容，作为一名技术工人，不但要掌握基本的操作技能，更要培养安全文明生产的好习惯。好的习惯直接影响产品质量的好坏，影响设备的使用寿命。文明生产要求做到如下几点：

（1）开车前应检查镗床各部分机构及防护设备是否完好，防止开车时突然撞击损坏镗床。

（2）工作时所用的工具、夹具、量具及工件，应尽可能摆放在工人的周围，便于需要拿取的物品放置在固定位置，用完后及时放回原处。

（3）图样、工艺卡片应放置在便于阅读的位置，便于拿取，并注意保持其清洁和完整。

（4）工作位置周围应注意保持清洁和整齐。

（5）下班前应清除镗床上和镗床周围的切屑及切削液，擦干净后按规定在应加油部位加上润滑油。

（6）下班后应将各传动手柄放到空挡位置，并关闭电源。

2. 卧式镗床的安全操作规程

（1）上班时应穿好工作服，扎好袖口；女工应戴好工作帽，头发或辫子应塞入帽子内；不准穿凉鞋进入工作岗位。

（2）镗床开动前，先检查镗刀是否把牢，工件是否卡牢固，压板是否平稳。支撑压板的垫铁不宜过高或块数过多，安装刀具时，紧固螺钉不准凸出镗刀回转半径。

（3）每次开车及开动各移动部件时，要注意刀具及各手柄是否在需要位置上，扳快速移动手柄时，要先轻轻开动一下，看移动部位的方向是否正确，严禁突然开动快速移动手柄。

（4）镗床开动时，不准量尺寸、对样板或用手摸加工面；镗孔、扩孔时不准将头贴近加工孔观察吃刀情况；头部与工件不能靠得太近；更不准隔着转动的镗杆取东西。

（5）起动工作台回转时，必须将镗杆缩回，工作台上严禁站人。

（6）两人以上操作大型镗床时，应密切联系，互相配合，注意安全。

3. 卧式镗床的维护保养

（1）镗床的日常维护。日常维护是一项很重要的工作，它能提高工作效率，延长镗床的使用寿命。镗床的日常维护主要是对镗床进行及时清洁和定期润滑的工作。

（2）镗床的保养。镗床的保养又分为一级保养和二级保养。一级保养在镗床运行800 h左右，以操作工人为主，维修工人配合进行。保养的内容主要是对镗床的外露部位和易磨损的地方进行清洗、检查、调整、紧固和润滑等。二级保养在镗床运行5000 h左右，以维修工人为主，操作工人参与进行。保养的内容主要是测绘易损件，修复更换严重磨损的零件，进行电气系统的检修等。

附　录

附录1　常用电气图形及文字符号

名　称	新国标		旧国标	
	图形符号 GB/T 4728—（1998—2000）	文字符号 GB/T 7159—1987	图形符号 GB/T 4728—（1984—1985）	文字符号 GB/T 315—1964
直流	—— 或 — —	DC	——	
交流	～	AC	～	
导线的连接	或			
导线的双重连接	或		或	
导线的不连接				
接地的一般符号		E		
电阻的一般符号	优选型	R		R
电容的一般符号		C		C
极性电容	+‖		+‖-	
半导体二极管		VD		D
熔断器		FU		RD
发电机	G	G	F	F
交流发电机	G	GA	F	JF

续表

名 称		新国标		旧国标	
		图形符号 GB/T 4728—（1998—2000）	文字符号 GB/T 7159—1987	图形符号 GB/T 4728—（1984—1985）	文字符号 GB/T 315—1964
电动机		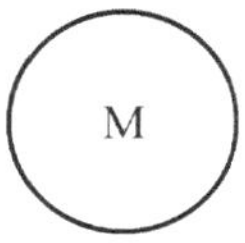 Ⓜ	M	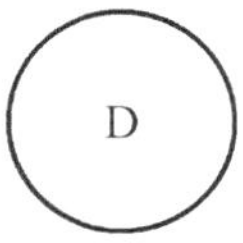 Ⓓ	D
直流电动机		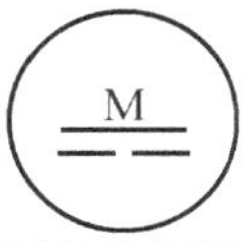 Ⓜ	MD	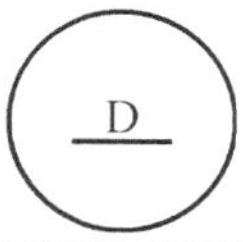 Ⓓ	ZD
交流电动机		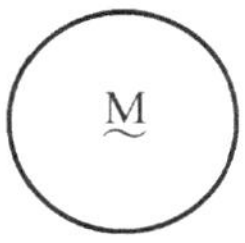 Ⓜ	MA	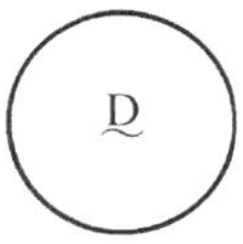 Ⓓ	JD
直流电动机的绕组	换向绕组或补偿绕组	 ⌢⌢		 H1 ⌢ H2	HQ
	串励绕组	 ⌢⌢⌢		 BC1 ⌢⌢ BC2	BCQ
				 C1 ⌢⌢⌢ C2	CQ
	并励绕组或他励绕组	 ⌢⌢⌢⌢		 B1 ⌢⌢⌢ B2 并励	BQ
				 T1 ⌢⌢⌢⌢ T2 他励	TQ
	电枢绕组	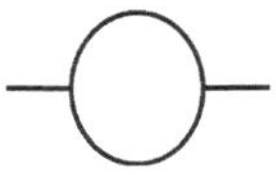 ⊖		 ⬛⭕⬛	SQ
三相笼型异步电动机		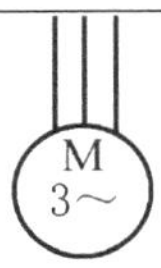 Ⓜ 3～	M	 ◎	D
三相绕线型异步电动机		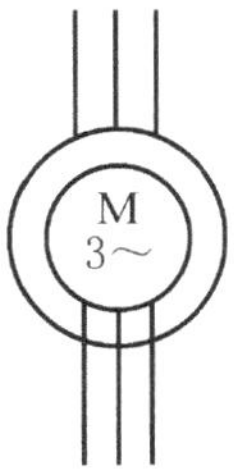 Ⓜ 3～	M	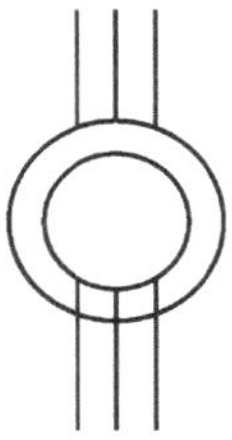 ◎	D

289

续表

名 称	新国标		旧国标	
	图形符号 GB/T 4728—（1998—2000）	文字符号 GB/T 7159—1987	图形符号 GB/T 4728—（1984—1985）	文字符号 GB/T 315—1964
串励直流电动机		MD		ZD
他励直流电动机				
并励直流电动机				
复励直流电动机				
单相变压器		T		B
控制电路电源用变压器	或	TC		
照明变压器		T		ZB
整流变压器				ZLB
三相自耦变压器		T		ZD
单极开关	或		或	K

续表

名　称	新国标		旧国标	
	图形符号 GB/T 4728—（1998—2000）	文字符号 GB/T 7159—1987	图形符号 GB/T 4728—（1984—1985）	文字符号 GB/T 315—1964
三极开关 刀开关 组合开关		QS		
手动三极 开关 三极隔离 开关		QS		
具有动合触 点但无自动 复位的旋转 开关		QS		
限位开关 动合触点 限位开关 动断触点		SQ		XWK

续表

名 称		新国标		旧国标	
		图形符号 GB/T 4728—（1998—2000）	文字符号 GB/T 7159—1987	图形符号 GB/T 4728—（1984—1985）	文字符号 GB/T 315—1964
双向机械操作			SQ		XWK
速度继电器	转子		KS		SDJ
	常开触点				
	常闭触点				
带动合触点的按钮			SB		QA
带动断触点的按钮					TA
带动合和动断触点的按钮					NA
接触器线圈			KM		C

续表

名 称	新国标		旧国标	
	图形符号 GB/T 4728—（1998—2000）	文字符号 GB/T 7159—1987	图形符号 GB/T 4728—（1984—1985）	文字符号 GB/T 315—1964
接触器动合 （常开）触点		KM		C
接触器动断 （常闭）触点				
继电器动合 （常开）触点		符号同操作元件		符号同操作元件
继电器动断 （常闭）触点				
延时闭合的 动合触点		KT		SJ
延时断开的 动合触点				
延时闭合的 动断触点				
延时断开的 动断触点				
延时闭合和 延时断开的 动合触点				

续表

名　称	新国标		旧国标	
	图形符号 GB/T 4728—（1998—2000）	文字符号 GB/T 7159—1987	图形符号 GB/T 4728—（1984—1985）	文字符号 GB/T 315—1964
延时闭合和 延时断开的 动断触点		KT		SJ
时间继电器 线圈（一般 符号）	或	KA		
中间继 电线圈				
欠电压继电 器线圈	U<	KV	V<	QYJ
过流继电器 线圈	I>	KI	I>	QLJ
欠电流继电 器线圈	I<	KI	I<	QLJ
热继电器驱 动器		FR		RJ
热继电器常 闭触点				
电磁铁		YA		DCT
电磁吸盘		YH		DX
插头和插座		X		CZ

名　称	新国标		旧国标	
	图形符号 GB/T 4728—（1998—2000）	文字符号 GB/T 7159—1987	图形符号 GB/T 4728—（1984—1985）	文字符号 GB/T 315—1964
照明		EL		ZD
信号灯		HL		XD
电抗器	或	L		DK
通电延时 时间继电 器线圈		KT		SJ
断电延时 时间继电 器线圈				
限定符号				
接触器功能			隔离开关功能	
位置开关功能			负荷开关功能	
操作方法				
一般情况下的手动操作				
旋转操作				
推动操作				

附录2　机床电气保养、大修内容与参考标准

附录2-1　车床电气保养、大修内容与参考标准

保养项目与级别	保养内容	作业时间
车床电气设备维修例保	1．检查电气设备各部分是否正常运行； 2．检查电气设备是否存在不安全因素，如开关箱内及电动机是否有水或油污进入； 3．检查导线及线管有无破裂现象； 4．检查导线及控制变压器、电阻等有无过热现象； 5．向操作工了解设备运行情况	一周一次
车床电气线路一级保养	1．检查线路有无过热现象，电线的绝缘是否有老化现象及机械损伤，蛇皮管是否脱落或损伤，并修复； 2．检查电线紧固情况，拧紧触点连接处，要求接触良好； 3．必要时更换个别损伤的电气元件和线路； 4．对电气箱等进行吹灰清扫工作	一月一次
车床其他电器一级保养	1．检查电源线工作状况，并清扫灰尘和油污，要求动作灵敏可靠； 2．检查控制变压器和补偿磁放大器等线圈是否过热； 3．检查信号过流装置是否完好，要求熔断器、过流保护符合要求； 4．检查铜鼻子是否有过热和融化现象； 5．必要时更换不能用的电气部件； 6．检查接地线接触是否良好； 7．测量线路及各电器的绝缘电阻	一月一次
车床开关箱一级保养	1．检查配电箱的外壳及其密封性是否完好，是否有油污透入； 2．门锁及开关的连锁机构是否完好，并进行修理	一月一次
车床电气二级保养	1．进行一保的全部项目； 2．清除和更换损坏的配件，如电线管、金属软管及塑料管等； 3．重新整定热保护、过流保护及仪表装置，要求动作灵敏可靠； 4．空试线路，要求各开关动作灵敏可靠； 5．核对图纸，提出对大修的要求	电动机封闭式三年一次，电动机开启式两年一次

续表

保养项目与级别	保养内容	作业时间
车床电气大修	1. 完成二保一保的全部项目； 2. 全部拆开配电箱（配电板）重装所有的配线； 3. 解体旧的各电气开关，清扫各电器元件（包括保险、闸刀、接线端子等）的灰尘和油污，除去锈迹，并进行防腐处理，必要时更换； 4. 重新排线安装电气线路，消除缺陷； 5. 进行试车，要求各连锁装置、信号装置、仪表装置动作灵敏可靠，电动机电器无异常声响和过热现象，三相电流平衡； 6. 油漆开关箱和其他附件； 7. 核对图纸，要求图纸编号符合要求	与机床机械大修同时进行
车床电气完好标准	1. 各电器开关下路清洁整齐并有编号，无损伤，接触点接触良好； 2. 电气开关门箱密封性良好； 3. 电气线路及电动机绝缘电阻符合要求； 4. 具有电子及晶闸管线路的信号电压波形及参数应符合要求； 5. 热保护、过流保护、熔断器、信号装置符合要求； 6. 各电气设备动作齐全灵敏可靠，电动机、电器无异常声响，各部温升正常，三相电流平衡； 7. 具有直流电动机的设备调整范围满足要求，碳刷火花正常； 8. 零部件齐全符合要求； 9. 图纸资料齐全	

附录2-2 钻床电气保养、大修内容与参考标准

保养项目与级别	保养内容	作业时间
钻床电气设备维修例保	1. 检查表面有没有不安全因素； 2. 检查电气设备各部分是否正常运行； 3. 检查电气设备是否存在不安全因素，如开关箱及电动机是否有水、铁屑或油污进入； 4. 检查导线及线管有无破裂现象； 5. 向操作工了解设备运行情况	一周一次

保养项目与级别	保养内容	作业时间
钻床电气线路一级保养	1. 检查导线有无过热、老化或损伤之处； 2. 擦去电器元件及导线上的油污和灰尘； 3. 检查导线连接处螺栓有无松动现象，要求接触良好； 4. 必要时更换个别损伤的电器元件和导线	一月一次
钻床其他电器一级保养	1. 检查电源线、限位开关、按钮等电器工作状态，并清扫灰尘和油污，要求动作灵敏可靠； 2. 检查熔断器、热继电器、安全灯、控制变压器等是否正常运行，并进行清扫； 3. 测量线路及各电器的绝缘电阻，检查地线电阻，要求接触良好； 4. 检查开关箱门是否完好，必要时进行检修	一月一次
钻床电气二级保养（达到完好标准）	1. 进行一保的全部项目； 2. 检查总电源接触滑环接触是否良好，动作正常； 3. 重新整定过流保护装置，要求动作灵敏可靠； 4. 核对图纸，提出对大修的要求	
钻床电气大修	1. 完成二保、一保的全部项目； 2. 全部拆开配电箱（配电板），重装所有的配线，更换不能用的元件； 3. 解体旧的各电气开关，清扫各电器元件（包括保险、闸刀、接线端子等）的灰尘和油污，除去锈迹，并进行防腐处理，必要时更换； 4. 重新排线安装电气线路，消除缺陷； 5. 进行试车，要求各连锁装置、信号装置、仪表装置动作灵敏可靠，电动机电器无异常声响和过热现象，三相电流平衡； 6. 油漆开关箱和其他附件； 7. 核对图纸，要求图纸编号符合要求	与机床机械大修同时进行
钻床电气完好标准	1. 各电器开关线路清洁整齐并有编号，无损伤，接触点接触良好； 2. 电气开关门箱密封性良好； 3. 电气线路及电动机绝缘电阻符合要求； 4. 热保护、过流保护、熔断器、信号装置符合要求； 5. 各开关齐全，动作灵活可靠，电动机无异响； 6. 图纸资料齐全无遗漏	

附录2-3 铣床电气保养、大修内容与参考标准

保养项目与级别	保养内容	作业时间
铣床电气的例保	1. 向操作工了解设备运行状况； 2. 查看电气各方面运行情况，看有没有不安全因素； 3. 听听开关及电动机有无异常声响； 4. 查看电动机和线管有无过热现象	一周一次
铣床电气的一保内容	1. 检查电气及线路是否有老化及绝缘损伤的地方； 2. 清扫电器及导线上的油污和灰尘； 3. 拧紧各线段接触点的螺钉，要求接触良好； 4. 必要时更换个别损伤的电器元件和线段	一月一次
铣床其他电器的一保	1. 擦净限位开关内的油污、灰尘，要求接触良好； 2. 拧紧螺钉，检查手柄动作，要求灵敏可靠； 3. 检查制动装置中的速度继电器、变压器、电阻等是否完好并清扫，要求主轴电动机制动准确，速度继电器动作灵敏可靠； 4. 检查按钮、转换开关、冲动开关动作，应正常，接触良好； 5. 检查快速电磁阀，要求工作准确； 6. 检查电气保护装置是否灵敏可靠	一月一次
铣床电气二保 （二保后达到完好标准）	1. 进行一保的全部项目； 2. 更换老化和损伤的电器、线段及不能使用的电器元件； 3. 重新整定热继电器的数据，校验仪表； 4. 对制动二极管或电阻进行清扫和数据测量； 5. 测量接地是否良好，测量绝缘电阻； 6. 试车中要求开关动作灵敏可靠； 7. 核对图纸，提出对大修的要求	
铣床电气大修内容 （大修后达到完好标准）	1. 进行二保、一保的全部项目； 2. 拆开配电板各元件和管线并进行清扫； 3. 拆开旧的各电气开关，清扫各电器元件的灰尘和油污； 4. 更换损伤的电器和不能用的电器元件； 5. 更换老化和损伤的线段，重新排线； 6. 除去电器锈迹，并进行防腐处理； 7. 重新整定热继电器等保护装置； 8. 油漆开关箱，并对所有的附件进行防腐处理； 9. 核对图纸	与机床机械大修同时进行

续表

保养项目与级别	保养内容	作业时间
铣床电气完好标准	1. 各电气开关线路清洁整齐无损伤，各保护装置信号装置完好； 2. 各接触点接触良好，床身接地良好，电动机、电器绝缘良好； 3. 试验中各开关动作灵敏可靠，符合图纸要求； 4. 开关和电动机声音正常无过热现象，交流电动机三相电流平衡； 5. 零部件完整无损，符合要求； 6. 图纸资料齐全	

附录2-4　磨床电气保养、大修内容与参考标准

保养项目与级别	保养内容	作业时间
磨床电气的例保	1. 检查电气设备各部分，并向操作者了解设备运行情况； 2. 检查开关箱，电机是否有水和油污进入等不安全的因素，各部有否异常声响及温度是否正常； 3. 检查导线及管线有否破裂现象	一周一次
磨床电气的一保内容	1. 擦清吹干净导线和电器上的油污和灰尘； 2. 必要时更换损伤的电器和线段； 3. 检查信号装置热保护，过流保护装置是否完好； 4. 检查电磁吸盘线圈的出线端绝缘和接触情况，并检查吸盘力情况； 5. 拧紧电器装置上的所有螺丝，要求接触良好； 6. 检查退磁机构是否完好； 7. 测量电机，电器及线路的绝缘电阻； 8. 检查开关箱及门要求，要求连锁机构完好	一月一次
磨床电气二保 （二保后达到完好标准）	1. 进行一保的全部项目； 2. 更换损伤的电器和触头及损伤的电线段； 3. 重新整定热继电器、过流继电器仪表等保护装置； 4. 对电磁吸盘出线段擦干净、重包扎等，并调整工作台吸力； 5. 核对图纸，提出对大修的要求	三年一次（使用频繁者电机轴承油每两年检查一次，利用率全年少于1/2时间者还可更长，但电机轴承油每两年要检查一次）

养项目与级别	保养内容	作业时间
磨床电气大修内容 （大修后达到完好标准）	1. 进行二保的全部项目； 2. 拆下配电箱、配电板上的元件； 3. 解体旧的各电器开关，清扫各电器元件的灰尘和油污，除去锈迹，并进行防腐工作； 4. 更换损伤的电器元件和线段，重新排线； 5. 组装后的电器要求工作灵敏可靠，触头接触良好； 6. 油漆开关箱及附件	与机械大修同时进行
磨床电气完好标准	1. 开关管线整齐清洁无损伤； 2. 配电箱的门及开门的联锁机构完好； 3. 电气线路电机绝缘电阻符合要求； 4. 电磁吸盘吸力正常，退磁机构良好； 5. 保险丝、热继电器、过流继电器的整定值符合要求； 6. 电磁开关、按扭、限位开关等各元件灵敏可靠； 7. 直流电机调速的，调速范围满足要求，碳刷火花正常； 8. 具有电子和可控硅线路的设备各信号电压及波形等数据应符合要求； 9. 零部件应齐全好用； 10. 图纸资料齐全	与机床机械大修同时进行